COASTAL ENGINEERING

해안공학

COASTAL ENGINEERING

해안공학

김남형 · 고행식 공저

해안공학은 해안의 보전과 개발을 다루는 토목공학의 한 분야이다. 해안에 대한 기본적인 외력인 파랑, 조류 또는 이들에 의한 표사의 이동 등 해안에서의 모든 현상에 대한 연구와 각종 해안 구조물의 설계, 시공, 유지 관리 또는 이에 대한 방재 대책 등을 연구 대상으로 한다.

씨아이알

머리말

인류의 마지막 보고(寶庫)는 해양으로 알려져 있다. 그렇다면 21세기에 살고 있는 우리에게 해양은 어떤 의미로 다가오며, 해양의 보전과 개발을 토목공학적인 입장에서 어떻게 다루어야 하는가?

토목공학과가 개설되어 있는 대학교 교과과정에는 대개 (해양 분야에서의 응용 분야인) 항만공학이 개설되어 있다. 그러나 항만공학의 기초교과목인 해안공학이 개설되어 있는 대학교는 매우 적다. 또 국내에는 다른 토목공학 교재에 비해 해안 공학에 관한 교재가 많이 출간되어 있지 않은 것도 개설을 하지 않는 하나의 원인 이 될 수도 있다.

해안공학은 2차 세계대전 중에 골격이 형성되고 이후 체계화된 토목공학의 한 분야이다. 즉, 1950년대 미국에서 시작되었고 1960년대 일본에서도 학문적인 연구 가 시작되었다. 우리나라는 1990년대부터 물 관련 분야에서 독립되어 대학에서 강의와 연구가 활발하게 진행되고 있지만, 아직 다른 선진국에 비하면 부족하기 짝이 없다.

이번에 해안공학이라는 교재가 만들어져서 매우 감개무량하다. 필자가 1992년 제주대학교에 부임한 이래 해안공학 강의를 계속해왔지만, 마땅한 교재가 없어 일본어 교재를 번역 출간하여 사용했다. 그러나 늘 가슴 한편에 한국 실정에 맞는 교재가 있었으면 하는 마음이 있었다. 그래서 이번에 문하생인 고행식 박사와 함 께 우리 실정에 맞는 교재를 집필해보았다. 이번에 집필한 교재는 학부에서 해안 공학을 배우는 학생은 물론 실무를 담당하는 현장 종사자들도 알기 쉽도록 예제 문제를 많이 수록하여 이해를 높였다.

저자들의 학문이 아직 일천한 까닭에 해안공학 분야에 종사하고 계시는 고수들의 지도편달을 부탁드리는 바이다. 왜냐하면 이것은 끝이 아니라 시작이기 때문이다. 이 교재를 바탕으로 더욱더 알차고 쉬운, 우리 실정에 알맞은 교재를 만들기 위해 부단히 노력할 것이다.

끝으로 이 책을 만드는 데 영감과 지혜와 총명과 능력을 주신 주 하나님 여호와께 이 모든 영광을 올려드립니다.

"Yet not I, but the grace of God that was with me"(1 Corinthians 15:10C)

제주도 중산간 연구실에서
저자를 대표하여 김남형 서

차례

CHAPTER

1

· ·

서 론

해양은 지구 표면의 약 70% 정도를 덮고 있다. 사람들은 옛날부터 해양과 깊은 관계를 맺었고, 특히 해안 주변부는 생산, 교통 그리고 생활공간 등 다양한 목적으로 이용·개발되었다. 한편 공학으로서의 해안공학은 역사가 매우 짧은데, 제2차 세계대전 중 미국이 발표한 파랑예보기술을 바탕으로 그 후에 탄생하였다.

여기서는 해안공학의 탄생 배경을 언급하고, 해안공학에서 다루는 내용 및 연구대상에 관하여 설명한다.

1.1 해안공학이란?

해안공학(Coastal Engineering)이라고 하는 학문의 역사는 세계적으로 보아도 매우 짧다. 해안공학이라는 단어는 1950년 미국에서 개최된 제1회 국제해안공학발표회의(ICCE, International Conference on Coastal Engineering)에서 처음 사용되었는데, 새로운 공학의 분야로서 출발이 선언되었기 때문이다.

지금까지는 항만공학이나 하천공학 분야에서 항만의 건설이나 하구부의 처리에 필요한 기술상의 과제로 파랑, 조석, 해류, 표사, 하구 밀도류라고 하는 해수나 모래입자 거동의 해명이나 방파제 등의 항만 구조물에 작용하는 파력의 산정, 항내로의 파랑의 진입방지 대책이나 토사이동에 의한 하구 폐색, 항만매몰 대책 등 현재의 해안공학에서도 중요하게 여기는 과제가 많이 취급되었다.

미국에서는 제2차 세계대전 중 적전 상륙작전 수행에 필요한 천해파의 특성 예측 기술 연구가 극비 사항으로 진전되었고, 일기도에서 심해파를 예측하는 기법이나 천해역에서 파의 변형과 해저지형의 변화 등에 관한 연구가 활발하게 행해졌다. 그 후 이들의 군사기밀이 해제되어, 해안 항만구조물의 계획 및 설계에 활용할 수 있게 되었다. 그리고 미국 캘리포니아 롱비치의 해안공학발표회에서 이들의 연구 성과가 발표되자, 해안공학에 관한 흥미를 가진 많은 연구자는 이들에 주목하고, 새로운 공학 분야로써 해안공학을 조직적으로 발전시켜나가자는 분위기가 일거에 타올랐다. 게다가 이 발표회는 국제해안공학발표회의(ICCE)로 발전하여 2년마다 세계 각지에서 개최되고 있다.

1.2	해안공학의 내용

해안공학은 파랑을 중심으로 다루는 공학의 한 분야이며, 유체역학, 수리학, 해양학 등을 기초로 하면서 항만공학, 하천공학, 해양공학이라고 하는 응용 분야와 매우 밀접한 관련성을 갖고 있다. 게다가 최근에는 지구환경 문제가 이슈화되는 과정에 따라 광역적인 환경보전에 이어서 지구 규모의 환경보전으로의 공헌이라는 관점에서 생태학이나 환경공학이라고 하는 환경 관련 분야와의 관련성도 깊어져 왔다. 표 1.2.1은 해안공학의 내용을 정리한 것이다.

역사적으로 보면 해안공학은 파랑과 해빈 변형의 예측 기술 및 해안재해에 대한 방어 및 방재기술의 연구개발에 의해 발전해왔다고 할 수 있다. 해안공학은 당초부터 파랑이나 연안역의 흐름을 중심으로 해안에서 수리학적인 거동을 해명하고, 예측하는 기술 연구를 했고, 동시에 해빈지형의 변화를 예측하기 위하여 표사를 중심으로 해안역에서의 토사 거동 해명에 관한 연구도 해왔다.

또 고조나 해일같은 해안재해의 발생 메커니즘을 조사·연구하고, 이들을 외력으로 하여 해안 구조물을 설계하기 위한 파력의 산정이나 구조물의 수리학적인 특성 및 기능의 검토를 행하고, 해안보전시설의 계획수법, 설계지침 및 시공법의 개발에 노력하였다. 그리고 앞에서 설명한 파랑, 표사, 재해에 관한 기초연구의 축적은 방파제나 돌제같은 해안선 그 자체를 방호하는 과거의 해안 구조물을 대신하여, 이안제나 인공리프같이 해안선에서 떨어진 앞바다에 축조하여 해안선을 방호하는 새로운 해안 보전시설을 만들어냈다.

표 1.2.1 해안공학의 내용

	분류	내용
1	파랑, 흐름	파동이론과 모델, 파동장의 해석과 시뮬레이션, 해저와 해수면 경계과정, 쇄파대와 소상역의 수리, 불규칙파, 파와 극치통계, 파랑추산, 파군과 장주기파, 만수진동, 고조와 해일, 연안역의 흐름, 연안과 해상기상 등
2	표사	표사의 거동과 모델링, 구조물과 표사, 해안과정, 광역표사, 표사의 제어와 해안보전, 표사와 해빈식생, 조장(藻場)과 해저생물 등
3	구조물, 시설	파랑의 제어, 흐름의 제어, 파압과 파력과 흐름력과 지진력과 빙력, 부체의 동요와 계류력, 항만 구조물과 시설, 연안 구조물과 시설, 해양 구조물과 시설, 수산 구조물과 시설, 구조물 기초, 재료, 내구성, 설계법, 시공과 관리 등
4	연안역의 환경과 생태계	이류 확산과 혼합과정의 기초이론과 모델, 폐쇄성 수역과 하구부, 천해역에 있어서 생태환경, 해안식생과 맹그로브, 해안생태환경과 수산, 구조물과 생태계, 생태계 모델, 지하수환경, 대기환경, 광역환경과 생태시스템, 환경제어와 개선, 생태계의 보전과 회복과 창조 등
5	지구환경 문제	해상과 기상의 변화, 연안의 자연환경으로의 영향, 사회기반 정비로의 영향, 대응전략 등
6	연안역의 쾌적성과 인간공학	해안과 항만경관, 소음환경과 대기환경, 기타의 오감 환경, 해안과 항만 공간 디자인, 건강한 해안과 해빈 이용, 해안과 항만공학과 인간공학 등
7	연안, 해양개발	해양 에너지, 해양 자원, 해상교통과 시스템, 수산 시스템, 마린스포츠, 워터프런트 개발 등
8	계획, 관리	항만 계획과 유지관리, 항만 물류, 방재계획과 관리, 환경계획과 관리, 수산자원 계획과 관리, 방재, 환경 시스템 평가와 예측 등
9	계측, 리모트센싱, 실험방법, 정보처리	조사방법과 시스템, 리모트센싱, 계측시스템, 데이터처리시스템, 실험장치, 정보처리 등

해면의 매립조성을 비롯하여 해양개발의 활성화와 해양성 레크리에이션의 수요의 증대화에 따른 해안 및 해양공간의 편리성이나 쾌적성의 향상에 관한 연구가 진행되고 있다. 한편, 연안역의 개발 이용의 활성화는 동시에 해역의 수질 및 저질의 오염을 초래하고, 해변의 생태계나 경관에도 좋지 않은 영향을 미쳤다. 이들의 환경 문제는 지금까지의 토목공학적 지견만으로는 해결할 수 있는 과제가 아니라 해안공학 또는 생태학이나 환경공학과 같은 환경 관련 분야와 융합하여 연안역의 환경이나 생태계의 유지보전에 관한 연구로 행하게 되었다.

그리고 최근에 해안공학이 직면하고 있는 큰 과제로는 지구환경 문제의 대응을 들 수 있다. 특히 이산화탄소 등의 온실가스 배출에 의한 지구온난화는 해수면 상승이나 해상 기상 변화를 일으키고, 연안역의 방재, 이용, 환경 등 모든 면에 걸쳐서 큰 영향을 미치는 것이 우려된다. 이들은 구체적으로 연안역에서 사회기반시설로의 영향, 물이용 시스템 및 내수배제 시스템으로의 영향, 생태계나 자연환경으로의 영향 등이다.

이와 같은 상황에서 해안공학은 지금까지 축적된 연구 성과를 살리며, 더 나아가 앞으로의 지구환경 문제에 대한 역할과 공헌이 매우 클 것이라고 기대하고 있다.

1.3 해안공학의 이용 및 방재

현 시대의 생활과 해안공학은 어떤 연결점이 있는지 생각해보자. 이것을 다시 말하면 우리의 생활은 산업에 의해 지지되었고, 해안공학의 대상은 바다이기 때문에 먼저 현대의 산업이 바다를 어떻게 이용하고 있는가를 알아보자. 공업에서는 바다를 매립하고 그 용지를 확보하고, 해수를 공업용수와 냉각수로 이용하고, 그 배수를 바다로 돌려보낸다. 농업에서는 매립지에 의한 농지의 증대이다. 어업에서는 어장의 확보, 어패류나 해초의 양식, 해양목장의 개발 등이며 광업에서는 해저 자원(석유, 가스, 모래, 광물 등)의 채굴이나 석유비축으로 바다를 이용한다. 상업운송에 관해서는 항만시설의 정비, 공항용지의 매립, 선박항로의 유지, 교량 등이 중요하다. 통신에서는 해저 케이블이 깔려 있고, 각국을 연결하는 인터넷이 교류에 도움을 준다. 레저 관계에서는 해수욕장으로 사빈이나 인공비치의 건설, 마리나의 정비, 해빈공원이나 조장의 확보 등이 중요하다. 이상의 각 산업에 관련한 사항은 해안공학에서 해결해야 한다.

인간 생활의 장은 수역 주변이 많기 때문에 바다에 직접 관련한 재해를 받는 일이 많다. 이들은 해일, 고조, 월파, 침식 등이 있다. 이것은 순수하게 자연에 의한 재해이고, 최근에는 인간에 의한 재해(예를 들면, 수질의 악화, 지반침하, 침식 등)가 많이 발생하고 있다. 상대가 자연이기 때문에 제어하기 매우 곤란하고, 어떤 재해는 대책을 세워도 그 대책 자체가 2차 피해의 원인이 되는 경우도 적지 않다. 예를 들면 항만 건설 확장 시에 항내의 정온도만을 검토하고 공사를 시공하면, 몇 년이 지나면 그 항만 주변에 현저한 해빈 변형이 발생하는 것이다.

해안환경은 자연 에너지와 균형을 맞추어 성립하고 있기 때문에, 인간이 해안환경을 변화시키려고 하면 장기적으로 새로운 균형을 취하고 해안환경도 변한다. 해안환경이 조금 변하면 원래의 평형점으로 돌아가지만, 이 변화가 크면 다른 평형점으로 이동하게 된다. 따라서 해안환경의 큰 변화가 예측되는 공사에서는 그 대책을 고려해야 한다. 이것을 환경영향평가라고 부르며 개발 등의 행위가 환경에 미치는 영향을 미리 명확하게 평가하는 것이다.

CHAPTER
2

················

파의
기본적인 특성

2

파의 기본적인 특성

해안가에서 물결이 끊임없이 밀려오고 가는 것을 관찰하기란 그리 어렵지 않다. 또한 해안선의 위치가 이전에 비해서 전진해 있거나 후퇴해 있는 것은, 항상 보고 접했던 현상이다. 이처럼 파는 정적이지 않고, 항상 동적으로 짧은 주기를 갖고 밀려 왔다 갔다를 반복하기도 하며, 또 하루에 상대적으로 긴 주기를 가지고 밀물과 썰물 현상을 반복한다. 이 장에서는 이러한 동적인 해양의 파에 대해서 알아본다.

2.1 │ 파의 정의

그림 2.1.1과 같이 파의 제원 파고(wave height, H), 주기(wave period, T) 혹은 파장(wave length, L)으로 나타낸다. 파고는 파의 최고점인 파봉(wave crest)과 최저점인 파곡(wave trough)과의 수직거리이고, 주기와 파장은 파봉과 다음 파봉까지의 수평거리로 시간과 공간상의 파형으로 각각 정의된다. 파형의 전진하는 속도를 파속(wave celerity, C)이라 하며, $C = L/T$의 관계를 가진다. 파의 진폭(wave amplitude, a)은 $a = H/2$로 나타낼 수 있으며, 정수면을 기준으로 파의 높낮이의 변화량은 수면 변동량(surface fluctuation, η)으로 표현한다. 흔히 파고와 주기와 파가 진행하는 방향인 파향(wave direction, θ)을 일컬어서 파의 3요소라고 한다. 그리고 파수(wave number, $k = 2\pi/L$), 각주파수(wave angular frequency, $\sigma = 2\pi/T$), 주파수(wave frequency,

$f = 1/T$)를 이용하여 파의 기본량을 나타내기도 한다. 두 개의 파의 기본량을 이용하여 무차원화시켜 파의 분류나 특성을 나타내는데, 다음과 같은 파형경사(wave steepness, H/L), 상대수심(relative water depth, h/L), 상대파고(relative wave height, H/h)가 이용된다.

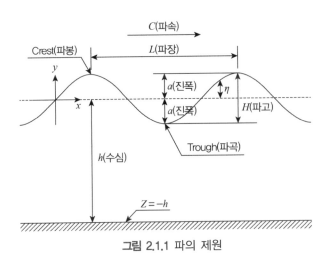

그림 2.1.1 파의 제원

2.2   파의 분류

2.2.1 공간 스케일에 의한 분류

파의 특성(파고와 주기) 반복 유무에 따라 규칙파(regular waves)와 불규칙파(irregular waves)로 분류할 수 있다(그림 2.2.1). 또한 파의 진행 방향에 따라 입사파(incident waves)와 반사파(reflective waves)로 분류할 수 있다. 이때 입사파와 동일한 방향으로 전진하는 파를 진행파(progressive waves), 입사파와 반사파에 의해 중첩된 파를 중복파(standing waves)라고 한다.

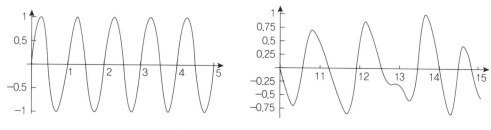

그림 2.2.1 규칙파와 불규칙파의 파형

파는 상대수심에 따라서 다음과 같이 분류된다.

(1) 심해파(deep water waves) : $h/L > 1/2$

(2) 천해파(shallow water waves) : $1/25 \sim 1/20 \leq h/L \leq 1/2$

(3) 극천해파(very shallow water waves) 또는 장파(long waves) : $h/L < 1/25 \sim 1/20$

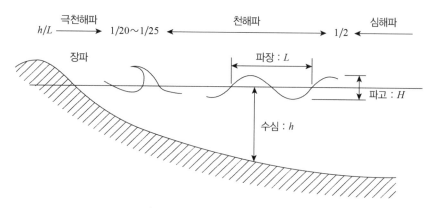

그림 2.2.2 상대수심에 따른 파의 분류

파의 운동을 해석하기 위하여 상대파고의 선형성과 비선형성에 따라 미소진폭파(small amplitude waves)와 유한진폭파(finite amplitude waves)로 분류된다. 그리고 유한진폭파 내에서는 파의 특성에 따라서 고립파(solitary waves), 크노이드파(cnoidal waves), 스톡스파(stokes waves), 트로코이드파(trochoidal waves) 등으로 분류할 수 있다.

2.2.2 시간 스케일에 의한 분류

그림 2.2.3처럼 실제로 해양파는 다양한 주기를 갖고 있으며, 부르는 명칭도 또한 다양하다. 주기가 0.07초 이하, 파장은 1.7cm 이하, 파고 1~2mm인 표면장력파(capillary waves)의 경우 파의 운동에서 물의 표면장력이 복원력의 주체가 된다. 이보다 주기가 긴 파에서는 중력이 주체가 되며, 이와 같은 파를 중력파(gravity waves)라고 하는 경우가 있다.

바람에 의해 작용된 파는 주기가 10~15초 이하로 풍파(wind waves)라고 한다. 풍파가 풍역을 벗어나 바람과 다른 방향으로 진행하고 주기가 10초 이상 20~30초 정도까지인 파를 너울 (swell)이라고 하며, 풍파와 너울을 합쳐서 파랑이라고 부른다. 일반적으로 주기가 30초 이하인 파들을 단주기파(short period waves)라고 부르기도 한다.

더욱 주기가 긴 파를 통틀어서 장주기파(Long-period waves)라고 한다. 장주기파는 크게 달의 인력에 의해 발생하는 주기가 12시간 이상인 경우를 조석(tide), 태풍 등 기상학적 요인에 의하여 주로 만안에서 발생하는 파를 고조(storm surge), 해저의 지각변동에 의해 발생하는 주기가 수 분에서 한 시간 정도인 쓰나미(tsunami), 항만 내에서 볼 수 있는 항만의 진동(harbor oscillation) 이 있다. 이와 같은 장주기파는 파의 에너지를 많이 갖고 있기 때문에 연안의 방재나 환경적인 측면에서 중요하게 다룬다.

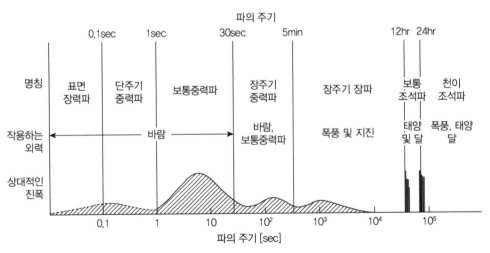

그림 2.2.3 주기에 의한 해양파의 분류(Munk, 1950)

예제 2.1

주파수 f가 큰 파는 어떤 파일까?

풀이 표면장력파

예제 2.2

수심 약 1m의 장소에서 파장이 5m인 파는 심해파인가? 천해파인가? 장파(극천해파)인가?

풀이 $h/L = 1/5$ ∴ 천해파

2.3 파의 기초방정식

파의 운동학적 기술법에는 오일러 방법[Euler method(description)]과 라그란쥐 방법[Lagrange method(description)]이 있다. 오일러 방법은 수중에 있는 어떤 한 점을 착목하고, 그것을 통과하는 물의 속도나 가속도 등의 변화를 조사하는 데 비해, 라그란쥐 방법은 물속의 어떤 물 입자에 주목하여 그 운동 경과를 추적하여 조사한다. 대부분의 현상은 오일러 방법으로 해명할 수 있다.

일정한 수심(h)에서 2차원 공간에서 파의 진행 방향을 x축으로 잡고, 연직상향으로 y축을 잡는다. 파를 이상유체로 가정하면 비압축성과 비점성 유체로 간주할 수 있고, 여기에 정지 상태에서 중력과 같은 보존력에 의한 운동은 비회전으로 고려되기 때문에, 속도포텐셜(ϕ)이 존재하며, 물 입자의 속도 성분은 다음과 같이 나타낼 수 있다.

$$x\text{방향 물 입자의 속도 성분} \quad u = \frac{\partial \phi}{\partial x} \tag{2.3.1}$$

y방향 물 입자의 속도 성분 $\quad v = \dfrac{\partial \phi}{\partial y}$ (2.3.2)

비압축성 유체의 연속방정식은 다음과 같다.

$$\frac{\partial u}{\partial x} + \frac{\partial v}{\partial y} = 0$$ (2.3.3)

$h \ll y < \eta, \ -\infty \le x \le \infty$ 의 영역에서 성립되어야 한다.

식 (2.3.1)과 (2.3.2)를 (2.3.3)에 대입하여 정리하면 다음과 같은 2차원 라플라스(Laplace)방정식으로 바뀐다.

$$\frac{\partial^2 \phi}{\partial x^2} + \frac{\partial^2 \phi}{\partial y^2} = 0$$ (2.3.4)

수평인 해저면에서 연직속도 성분은 0이기 때문에, 해저면에서 경계조건은 다음과 같다.

$$(v)_{y=-h} = \left(\frac{\partial \phi}{\partial y} \right)_{y=-h} = 0$$ (2.3.5)

비회전인 유체 운동에 대한 압력방정식(pressure equation)은 다음과 같다.

$$\frac{\partial \phi}{\partial t} + \frac{1}{2} \left\{ \left(\frac{\partial \phi}{\partial x} \right)^2 + \left(\frac{\partial \phi}{\partial y} \right)^2 \right\} + \frac{P}{\rho} + gy = 0$$ (2.3.6)

여기서, P : 압력, ρ : 밀도, g : 중력가속도이다.

식 (2.3.6)에서 자유수면 $y = \eta$에서 압력은 P_0으로 하면, 동역학적인 자유수면에서의 경계조건(dynamaic freesurface boundary condition)을 다음과 같이 얻을 수 있다.

$$\left(\frac{\partial \phi}{\partial t}\right)_{y=\eta} + \frac{1}{2}\left\{\left(\frac{\partial \phi}{\partial x}\right)^2 + \left(\frac{\partial \phi}{\partial y}\right)^2\right\}_{y=\eta} + \frac{P_0}{\rho} + g\eta = 0 \qquad (2.3.7)$$

자유수면이 $F(x,\,y,\,z,\,t) = 0$과 같이 표시된다면 경계상의 물 입자는 항상 그 경계에 머문다고 하는 것에 의해 $\dfrac{DF}{Dt} = 0$이 성립한다.

$$\frac{D}{Dt} = \frac{\partial}{\partial t} + u\frac{\partial}{\partial x} + v\frac{\partial}{\partial y} + w\frac{\partial}{\partial z} \quad \text{(라그란쥐 미분)} \qquad (2.3.8)$$

2차원의 경우에는 $F(x,\,y,\,t) = \eta(x,\,t) - y = 0$을 식 (2.3.8)을 이용하여 편미분하면 다음의 운동학적인 자유수면 경계조건(kinematic freesurface boundary condition)을 얻을 수 있다.

$$\left(\frac{DF}{Dt}\right)_{y=\eta} = \left(\frac{\partial \eta}{\partial t} + u\frac{\partial \eta}{\partial x} - v\right)_{y=\eta} = 0 \qquad (2.3.9)$$

또는

$$\frac{\partial \eta}{\partial t} + \frac{\partial \eta}{\partial x}\left(\frac{\partial \phi}{\partial x}\right)_{y=\eta} = \left(\frac{\partial \phi}{\partial y}\right)_{y=\eta} \qquad (2.3.10)$$

식 (2.3.5), (2.3.7), (2.3.10)의 경계조건을 만족하는 식 (2.3.4)의 해를 구해야 한다.

미소진폭파 이론

2.4.1 기초방정식

자유수면에서의 경계조건 식 (2.3.5), (2.3.7), (2.3.10)은 비선형으로 되어 있으므로, 이 비선형 문제를 선형화시켜 해를 구하려면, 우선 파고가 파장 또는 수심에 비해서 매우 작은 경우로 생각한다. 이를 미소진폭파 이론(Small amplitude wave theory)이라고 한다.

다시 말해서 미소진폭파 이론의 가정은 다음과 같이 요약할 수 있다.

(1) 물은 비압축성이고 비점성이다(완전유체로 가정).

(2) 해수면에서의 표면장력과 지구의 자전에 의한 전향력(Coriolis force)의 효과를 무시한다.

(3) 해수면에서의 압력은 똑같고 일정하다.

(4) 해저면은 수평인 고정상이며 불투과로 한다(수심 일정).

(5) 파고는 파장에 비해서 매우 작다($H/L \ll 1$).

(6) 파는 파형을 변형하지 않고 전파한다(보존성).

(7) 파는 정지 상태로부터 무언가의 원인으로 발행한다고 생각하며, 유체의 운동은 비회전하며, 속도포텐셜을 가진다.

(8) 파봉선은 충분히 길고, 현상은 2차원이다.

먼저 자유표면의 조건식 (2.3.7)과 (2.3.10) 중에 나타난 $\left(\dfrac{\partial \phi}{\partial t}\right)_{y=\eta}$, $\left(\dfrac{\partial \phi}{\partial y}\right)_{y=\eta}$ 를 정수면($y=0$) 에서 Taylor 급수로 전개하면,

$$\left(\frac{\partial \phi}{\partial t}\right)_{y=\eta} = \left(\frac{\partial \phi}{\partial t}\right)_{y=0} + \left\{\frac{\partial}{\partial y}\left(\frac{\partial \phi}{\partial t}\right)\right\}_{y=0}\eta + \frac{1}{2}\left\{\frac{\partial^2}{\partial y^2}\left(\frac{\partial \phi}{\partial t}\right)\right\}_{y=0}\eta^2 + \cdots$$

$$\left(\frac{\partial \phi}{\partial y}\right)_{y=\eta} = \left(\frac{\partial \phi}{\partial y}\right)_{y=0} + \left\{\frac{\partial}{\partial y}\left(\frac{\partial \phi}{\partial y}\right)\right\}_{y=0}\eta + \frac{1}{2}\left\{\frac{\partial^2}{\partial y^2}\left(\frac{\partial \phi}{\partial y}\right)\right\}_{y=0}\eta^2 + \cdots$$

$$(2.4.1)$$

이 된다. 2차 이상의 미소항을 생략하고, $y = \eta$에서의 대기의 압력 $P_0 = 0$과 같다고 생각한다. 따라서 파의 기초방정식은 다음과 같다.

$$\frac{\partial^2 \phi}{\partial x^2} + \frac{\partial^2 \phi}{\partial y^2} = 0, \ -h \leq y \leq \eta, \ -\infty < x < \infty \tag{2.4.2}$$

$$\left(\frac{\partial \phi}{\partial y}\right)_{y=-h} = 0 \tag{2.4.3}$$

$$\left(\frac{\partial \phi}{\partial t}\right)_{y=0} + g\eta = 0 \tag{2.4.4}$$

$$\frac{\partial \eta}{\partial t} = \left(\frac{\partial \phi}{\partial y}\right)_{y=0} \tag{2.4.5}$$

여기서, 식 (2.4.4)와 (2.4.5)의 관계로부터

$$\left.\begin{aligned}
\eta &= -\frac{1}{g}\left(\frac{\partial \phi}{\partial t}\right)_{y=0} \\
\frac{\partial}{\partial t}\left(-\frac{1}{g}\frac{\partial \phi}{\partial t}\right)_{y=0} &= \left(\frac{\partial \phi}{\partial y}\right)_{y=0} \\
\left(\frac{\partial^2 \phi}{\partial t^2}\right)_{y=0} &= -g\left(\frac{\partial \phi}{\partial y}\right)_{y=0}
\end{aligned}\right\} \tag{2.4.6}$$

을 얻을 수 있다.

지금의 해로서 변형하지 않고 x축 방향으로 파속 C로 진행하는 파를 생각하면, $\phi = \phi(x - Ct, y)$로 쓸 수 있다. 여기서 변수분리법을 적용하고 또한 파형으로서 정현 파형을 취하면,

$$\phi = f(y)\sin(kx - Ct) = f(y)\sin(kx - \sigma t) \tag{2.4.7}$$

여기서, $k = 2\pi/L$(파수 : wave number), L은 파장, $\sigma = 2\pi/T$(각주파수 : angular frequency), T는 주기, $C = \sigma/k$(파속 : wave celerity)이다.

이것으로부터 식 (2.4.4)를 고려하면,

$$\frac{\partial}{\partial t} f(y) \sin(kx - \sigma t) \bigg|_{y=0} + g\eta = 0 \tag{2.4.8}$$

을 얻을 수 있다. 따라서 파형은

$$\eta = \frac{\sigma}{g}(f(0)\cos(kx - \sigma t)) = a\cos(kx - \sigma t) \tag{2.4.9}$$

이 된다.

여기서, 파고를 H라고 하면, 진폭 $a = H/2$가 된다.

식 (2.4.7)을 (2.4.2)에 대입하여 정리하면,

$$\frac{d^2 f(y)}{dy^2} - k^2 f(y) = 0 \tag{2.4.10}$$

가 된다. 식 (2.4.10)을 변수분리하면 해는

$$f(y) = Ae^{ky} + Be^{-ky} \qquad A, \ B : \text{적분상수} \tag{2.4.11}$$

이며, 따라서 ϕ는

$$\phi = (Ae^{ky} + Be^{-ky})\sin(kx - \sigma t) \tag{2.4.12}$$

식 (2.4.12)를 경계조건식 (2.4.3)과 (2.4.6)에 대입하여 정리하면,

$$k(Ae^{-kh} - Be^{kh})\sin(kx - \sigma t) = 0$$
$$\{(\sigma^2 - gk)A + (\sigma^2 + gk)B\}\sin(kx - \sigma t) = 0 \tag{2.4.13}$$

가 된다.

앞에서 얻은 두 식에서 A, B가 함께 0이 아닌 해를 갖기 위해서는,

$$\begin{vmatrix} e^{-kh} & -e^{kh} \\ \sigma^2 - gk & \sigma^2 + gk \end{vmatrix} = 0 \tag{2.4.14}$$

이 되어야 한다. 이것을 풀면,

$$\sigma^2 = gk\frac{e^{kh} - e^{-kh}}{e^{kh} + e^{-kh}} = gk\frac{2\sinh(kh)}{2\cosh(kh)} = gk\tanh kh \tag{2.4.15}$$

의 관계를 얻는다. 이것을 분산관계식이라 하며, 수심 h를 고정했을 때 파수 k와 각주파수 σ와는 서로 관계 있음을 나타내고 있다.

따라서 $C = \sigma/k$의 관계를 이용하면, $C^2 k^2 = gk\tanh kh$ 이므로

$$C = \sqrt{\frac{g}{k}\tanh kh} = \sqrt{\frac{gL}{2\pi}\tanh\frac{2\pi h}{L}} \tag{2.4.16}$$

혹은 $C = L/T$을 고려하여 위 식 (2.4.16)을 고쳐 쓰면, $C^2 = \dfrac{gCT}{2\pi}\tanh\dfrac{2\pi h}{L}$ 이 되어

$$C = \frac{gT}{2\pi}\tanh\frac{2\pi h}{L} = 1.56 \times T \times \tanh\left(\frac{2\pi h}{L}\right) \tag{2.4.17}$$

가 된다. 또 $L = CT$를 고려하면,

$$L = \frac{gT^2}{2\pi}\tanh\frac{2\pi h}{L} = 1.56 \times T^2 \times \tanh\left(\frac{2\pi h}{L}\right) \tag{2.4.18}$$

을 얻을 수 있다.

그러면 식 (2.4.13)에서 $Ae^{-kh} - Be^{kh} = 0$을 $Ae^{-kh} = Be^{kh} = D/2$로 놓으면, $A = \dfrac{D}{2}e^{kh}$,

$B = \dfrac{D}{2}e^{-kh}$가 되어, 속도포텐셜 ϕ는

$$
\begin{aligned}
\phi &= \frac{D}{2}\left\{ e^{k(h+y)} + e^{-k(h+y)} \right\}\sin(kx - \sigma t) \\
&= D\cosh k(h+y)\sin(kx - \sigma t)
\end{aligned}
\tag{2.4.19}
$$

로 된다. 이것을 $\left(\dfrac{\partial \phi}{\partial t}\right)_{y=0} + g\eta = 0$에 대입하면

$$
\eta = -\frac{1}{g}\left(\frac{\partial \phi}{\partial t}\right)_{y=0} = \frac{\sigma}{g}D\cosh kh \cos(kx - \sigma t) = a\cos(kx - \sigma t)
\tag{2.4.20}
$$

이므로,

　여기서, $a = \dfrac{\sigma}{g}D\cosh kh$이므로, $\sigma^2 = gk\tanh kh$를 염두에 두고 D를 구하면

$$
D = \frac{ag}{\sigma}\frac{1}{\cosh kh} = \frac{a\sigma}{k}\frac{1}{\sinh kh}
\tag{2.4.21}
$$

로 된다. 따라서 속도포텐셜 ϕ는

$$
\begin{aligned}
\phi &= \frac{ag}{\sigma}\frac{\cosh k(h+y)}{\cosh kh}\sin(kx - \sigma t) \\
&= \frac{a\sigma}{k}\frac{\cosh k(h+y)}{\sinh kh}\sin(kx - \sigma t)
\end{aligned}
\tag{2.4.22}
$$

로 나타낼 수 있다.

2.4.2 심해파, 천해파, 장파의 분류

앞에서 언급한 바와 같이 파는 상대수심에 따라서 분류될 수 있다. 여기서 2개의 극한에 대해서 생각해보자. 파장에 비해서 수심이 매우 큰 경우($kh \to \infty$)인 심해파(deep water waves) 혹은 표면파(surface waves) 그리고 파장에 비해서 수심이 매우 작은 경우($kh \to 0$)인 장파(long waves) 혹은 극천해파(shallow water waves)를 고려할 수 있다. 수심과 파장의 비, 즉 상대수심 (relative water depth)을 통해 파의 물리량에 대한 관계식은 표 2.4.1처럼 표현된다. 그림 2.4.1은 상대수심 혹은 다양한 파 물리량 비를 이용하여 파를 분류한 결과를 보여준다.

표 2.4.1 상대수심 분류에 따른 파의 물리량

파의 분류	장파, 극천해파	천해파	심해파, 표면파
상대수심	$\dfrac{h}{L} < \dfrac{1}{20} - \dfrac{1}{25}$	$\dfrac{1}{20} - \dfrac{1}{25} \leq \dfrac{h}{L} \leq \dfrac{1}{2}$	$\dfrac{1}{2} < \dfrac{h}{L_0}$
극한	$\tanh kh \fallingdotseq kh$		$\tanh kh \fallingdotseq 1$
파장	$L = CT = \sqrt{gh}\,T$	$L = 1.56\,T^2 \tanh(kh)$	$L_0 = 1.56\,T^2$
파속	$C = \sqrt{gh}$	$C = 1.56\,T \tanh kh$	$C_0 = 1.56\,T$

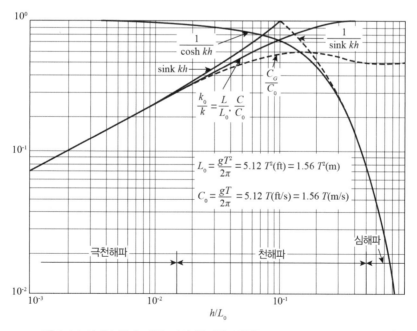

그림 2.4.1 상대수심에 따른 파의 물리량 변화(Dean and Dalrymple, 1991)

예제 2.3

주기 11초 수심 150m와 10m 지점에서의 파장을 계산하여라.

풀이 $L_o = 1.56 \times T^2 = 1.56 \times 11 \times 11 = 188.8 \text{m}$

수심 150m에서는 $h/L_o = 150/188.8 = 0.795 > 0.5$이므로 심해파이다.

따라서 $L_o = 188.8 \text{m}$, $C_o = 1.56 \times 11 = 17.16 \text{m}$

수심 10m에서 $h/L_o = 10/1888.8 = 0.052 < 0.5$이므로 천해파이다.

식(2.4.17)과 (2.4.18)을 이용하면 $L = 102.8 \text{m}$, $C = 9.34 \text{m}$이다.

예제 2.4

주기 5초, 수심 5m 파가 진행하고 있다. 파장과 파속을 구하여라.

풀이 $h/L_o = 5/(1.56 \times 5 \times 5) = 0.128 < 0.5$이므로 천해파이다. 식 (2.4.17), (2.4.18)을 이용하면 $L = 30.3 \text{m}$, $C = 6.96 \text{m}$가 구해진다.

예제 2.5

주기 10초, 파고 4m, 파속 10m/s의 진행파가 x의 양의 방향으로 진행하는 수면파형을 구하여라.

풀이 $C = \dfrac{L}{T}$에 의해 $L = C \times T = 10 \times 10 = 100$

$$\eta = a\cos(kx - \sigma t) = H/2\cos\left(\frac{2\pi}{L}x - \frac{2\pi}{T}t\right) = 2\cos 2\pi(x/100 - t/10)$$

예제 2.6

주기 5sec, 파고 1.2m, 수심 5m인 파에 대해서 파장과 파속을 천해파와 심해파에 대해서 계산하여라.

풀이 천해파

$$L = \frac{9.8 \times 5^2}{2\pi} \tanh \frac{2 \times \pi \times 5}{L}$$ 를 시산법으로 풀면

$$L = 30.289\text{m}$$

$$C = \frac{L}{T} = \frac{30.289}{5} = 6.058\text{m/sec}$$

심해파

$$C_o = \frac{gT}{2\pi} = \frac{9.8 \times 5}{2\pi} = 7.799\text{m/sec}$$

$$L_o = \frac{gT^2}{2\pi} = \frac{9.8 \times 5^2}{2\pi} = 38.992\text{m}$$

예제 2.7

주기 10sec, 수심이 100m, 50m, 10m, 5m에서 파장과 파속을 천해파에 대해서 계산하여라.

풀이 천해파

$$L = \frac{9.8 \times T^2}{2\pi} \tanh \frac{2\pi h}{L}$$ 을 시산법으로 풀면 $L = ?\text{m}$

100m $\Rightarrow$ $C = 15.60\text{m/s}$ 50m $\Rightarrow$ $C = 15.13\text{m/s}$

10m $\Rightarrow$ $C = 9.24\text{m/s}$ 5m $\Rightarrow$ $C = 6.77\text{m/s}$

예제 2.8

주기 5초 수심 5m에 파가 해면 위를 진행할 때 심해파, 천해파, 장파의 파속과 파장을 구하여라.

풀이 심해파 : $L_o = 1.56 \times 5 \times 5 = 39.0\text{m}$ $C_o = 1.56 \times 5 = 7.8\text{m/s}$

천해파 : $L = 1.56 \times 5 \times 5 \times \tanh(2 \times 3.14 \times 5/L)$, $L = 30.2\text{m}$

$C = 1.56 \times 5 \times \tanh(2 \times 3.14 \times 5/30.2) = 6.06\text{m/s}$

장파 : $L = (\sqrt{9.80621 \times 5}) \times 5 = 35.01\text{m}$, $C = \sqrt{9.80621 \times 5} = 7.0\text{m/s}$

2.4.3 물 입자의 속도 성분과 궤도

속도포텐셜 정의에 의해 물 입자 속도의 각 성분은 식 (2.3.1), (2.3.2), (2.4.22)로부터 다음 식으로 된다.

$$u = \frac{\partial \phi}{\partial x} = a\sigma \frac{\cosh k(h+y)}{\sinh kh} \cos(kx - \sigma t)$$

$$\qquad\qquad = \sigma \frac{\cosh k(h+y)}{\sinh kh} \eta \qquad\qquad (2.4.23)$$

$$v = \frac{\partial \phi}{\partial y} = a\sigma \frac{\sinh k(h+y)}{\sinh kh} \sin(kx - \sigma t) \qquad (2.4.24)$$

여기서, 수평방향 물 입자 속도는 수면 변동량과 관계가 있으며 다음 그림 2.4.2는 관계도를 나타낸다.

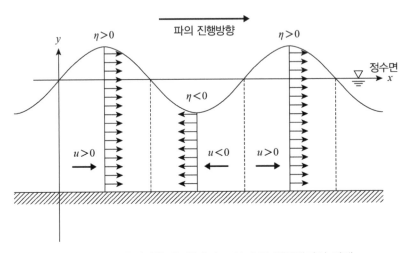

그림 2.4.2 수평방향 물 입자 속도와 수면 변동량과의 관계

이제부터는 오일러적인 취급으로부터 벗어나 특정 물 입자에 주목한 라그란쥐적인 취급을 해보자. 시각 t에서 물 입자의 위치를 $[x(t),\ y(t)]$로 놓으면 수평방향 속도는 $\frac{dx}{dt}$, 연직방향 속도는 $\frac{dy}{dt}$로 표시된다.

그러므로 다음의 관계가 성립된다.

$$\frac{dx}{dt} = \frac{\partial \phi}{\partial x}\{x(t), \ y(t); \ t\}$$

$$\frac{dy}{dt} = \frac{\partial \phi}{\partial y}\{x(t), \ y(t); \ t\}$$

(2.4.25)

이 미분방정식을 만족하는 $x(t)$, $y(t)$가 이 물 입자의 궤도를 주게 된다.

물 입자의 평균위치를 x_0, y_0로 하고, 시각 t에서 수평 및 연직방향 변위를 $\delta(t)$, $\gamma(t)$로 하면 다음과 같다.

$$x(t) = x_0 + \delta(t)$$

$$y(t) = y_0 + \gamma(t)$$

(2.4.26)

이것을 다시 식 (2.4.24)에 대입하여 Taylor 급수로 전개하면 다음과 같다.

$$\frac{dx}{dt} = \frac{\partial \phi}{\partial x}\{x(t), \ y(t); \ t\}$$

$$= \left(\frac{\partial \phi}{\partial x}\right)_{x_0, \ y_0} + \delta\left(\frac{\partial^2 \phi}{\partial x^2}\right)_{x_0, \ y_0} + \gamma\left(\frac{\partial^2 \phi}{\partial x \partial y}\right)_{x_0, \ y_0} + \cdots$$

$$\frac{dy}{dt} = \frac{\partial \phi}{\partial y}\{x(t), \ y(t); \ t\}$$

$$= \left(\frac{\partial \phi}{\partial y}\right)_{x_0, \ y_0} + \delta\left(\frac{\partial^2 \phi}{\partial y^2}\right)_{x_0, \ y_0} + \gamma\left(\frac{\partial^2 \phi}{\partial x \partial y}\right)_{x_0, \ y_0} + \cdots$$

(2.4.27)

제1차 근사로서 위 식의 우변 제2항 이하를 생략하고 식 (2.4.22)를 이용하면 다음 식 (2.4.28)을 얻는다.

$$\frac{d\delta}{dt} = \left(\frac{\partial\phi}{\partial x}\right)_{x_0,\,y_0} = \frac{\partial}{\partial x}\left(\frac{a\sigma}{k}\frac{\cosh k(h+y_0)}{\sinh kh}\sin(kx_0 - \sigma t)\right)$$

$$= a\sigma\frac{\cosh k(h+y_0)}{\sinh kh}\cos(kx_0 - \sigma t)$$

$$\frac{d\gamma}{dt} = \left(\frac{\partial\phi}{\partial y}\right)_{x_0,\,y_0} = \frac{\partial}{\partial y}\left(\frac{a\sigma}{k}\frac{\cosh k(h+y_0)}{\sinh kh}\sin(kx_0 - \sigma t)\right)$$

$$= a\sigma\frac{\sinh k(h+y_0)}{\sinh kh}\sin(kx_0 - \sigma t)$$

(2.4.28)

식 (2.4.28)을 시간(t)에 관해 적분하면 다음 식이 된다.

$$\delta = -a\frac{\cosh k(h+y_0)}{\sinh kh}\sin(kx_0 - \sigma t)$$

$$\gamma = a\frac{\sinh k(h+y_0)}{\sinh kh}\cos(kx_0 - \sigma t)$$

(2.4.29)

식 (2.4.26)에서 $\delta = x - x_0$, $\gamma = y - y_0$가 된다. 이것을 다시 식 (2.4.29)에 대입하면 다음 식이 된다.

$$x - x_0 = -a\frac{\cosh k(h+y_0)}{\sinh kh}\sin(kx_0 - \sigma t)$$

(2.4.30)

$$y - y_0 = a\frac{\sinh k(h+y_0)}{\sinh kh}\cos(kx_0 - \sigma t)$$

(2.4.31)

식 (2.4.30)과 (2.4.31)을 t를 소거하고 정리하면 다음 식을 얻을 수 있다.

$$\frac{(x-x_0)^2}{\left(a\dfrac{\cosh k(h+y_0)}{\sinh kh}\right)^2} + \frac{(y-y_0)^2}{\left(a\dfrac{\sinh k(h+y_0)}{\sinh kh}\right)^2} = 1$$

(2.4.32)

즉, 물 입자는 그림 2.4.3에 표시한 것과 같은 타원궤도를 그리는 것을 알 수 있다. 그림 2.4.4

는 상대수심 분류에 따른 심해파, 천해파, 극천해파의 물 입자 궤도와 속도를 보여준다.

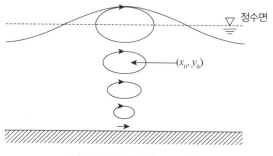

그림 2.4.3 진행파의 물 입자 궤도

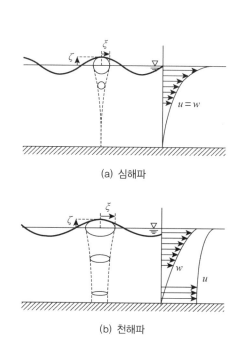

(a) 심해파

(b) 천해파

(c) 극천해파

그림 2.4.4 상대수심 분류에 따른 파의 물 입자 궤도와 속도

주기 11초, 수심 8m에서 파고 4m이다. 평균 해수면 아래 5m에서 $\theta = kx - \sigma t = \pi/3 = 60°$에서 물 입자의 속도를 구하여라.

풀이 $L_o = 1.56 \times 11^2 = 188.8\text{m}$, L을 구하면 93.04m

$k = 2\pi/L = 0.067$, $h/L = 8.0/94.4 = 0.085$,

$kh = 0.067 \times 8.0 = 0.536$, $k(h+y) = 0.0666(8-5) = 0.201$

$\dfrac{\cosh k(h+y)}{\sinh kh} = \dfrac{\cosh(0.201)}{\sinh(0.536)} = 1.815$, $\dfrac{\sinh k(h+y)}{\sinh kh} = \dfrac{\sinh(0.201)}{\sinh(0.536)} = 0.36$

물 입자의 속도는 $a \times \sigma = (4/2) \times (2\pi/11) = 1.142$

$u = 1.142 \times 1.815 \times \cos(60) = 1.03\text{m/s}$

$v = 1.142 \times 0.360 \times \sin(60) = 0.356\text{m/s}$

2.4.4 압력방정식

압력방정식 $\left(\dfrac{\partial \phi}{\partial t} + \dfrac{1}{2}\left\{ \left(\dfrac{\partial \phi}{\partial x}\right)^2 + \left(\dfrac{\partial \phi}{\partial y}\right)^2 \right\} + \dfrac{P}{\rho} + gy = 0 \right)$에서 2차 미소항을 생략하면,

$$P = -\rho \frac{\partial \phi}{\partial t} - \rho gy = -\Delta p - p_s \qquad (2.4.33)$$

으로 된다. 여기서 우변의 제2항 ρgy는 정수압을 나타내며, $\rho \dfrac{\partial \phi}{\partial t} = \Delta p$, $\rho gy = p_s$로 나타내면, 파의 운동에 의해서 일어나는 압력 변동 Δp는 다음과 같이 된다.

$$\Delta p = -\rho \frac{\partial \phi}{\partial t} = \rho g \frac{\cosh k(h+y)}{\cosh kh} \eta \qquad (2.4.34)$$

식 (2.4.34)를 식 (2.4.33)에 대입하면 다음 식과 같다.

$$P = \rho g \eta \frac{\cosh k(h+y)}{\cosh kh} - p_s \qquad (2.4.35)$$

$K_p = \dfrac{\cosh k(h+y)}{\cosh kh}$ 라고 하면 $P = \rho g \eta K_p - p_s$, $\rho g \eta K_p = P + p_s$, 수면 변동량 η을 산정할 수 있는 다음의 식을 얻는다.

$$\eta = \left. \frac{P + p_s}{\rho g K_p} \right|_{y = -h} \tag{2.4.36}$$

이것은 수압식 파고계(pressure type wave gauge)의 원리이다.

예제 2.10

수심 15m 지점의 해저면 위 0.6m에 설치한 수압식 파고계의 출력 데이터로부터 수압 변동의 평균값 $P = 1.75 \text{kgf/cm}^2$, 압력변형의 평균주파수 $f = 0.067\text{Hz}$로 읽었다. 측정기록으로부터 파고를 계산하여라.

풀이 $f = 1/T$, $T = 1/0.067 = 14.92 s$ 따라서 심해파 파장은 $L_o = 1.56 \times 15^2 = 351\text{m}$
$L = 173.67\text{m}$, $kh = (2\pi/173.67) \times 15 = 0.542$
파고는 $\eta = H/2 = a$

$$\eta = \frac{H}{2} = \frac{(P + p_s)}{\rho g K_p} = \frac{(17.5 \text{tf/m}^2 - 14.4\text{m} \times 1.03\text{tf/m}^3)}{1.03\text{tf/m}^3} \times \frac{\cosh 0.542}{\cosh(0.036(15 - 14.4))}$$
$$= 2.59 \times 1.150 = 2.979\text{m}$$

2.4.5 파의 군속도와 에너지 수송

파고가 같고, 파장에 따라서 파속도 매우 닮은 2개의 여현파를 생각해보자. 선형이론에서는 해를 겹친 것도 역시 해가 되기 때문에 다음 식으로 나타낼 수 있다.

$$\eta = \eta_1 + \eta_2 = a \cos k(x - Ct) + a \cos k'(x - C't)$$
$$= 2a \cos\left(\frac{k - k'}{2}x - \frac{kC - k'C'}{2}t \right) \cos\left(\frac{k + k'}{2}x - \frac{kC + k'C'}{2}t \right) \tag{2.4.37}$$

여기서, $\cos\left(\dfrac{k-k'}{2}x-\dfrac{kC-k'C'}{2}t\right)$의 파에 주목하면, 파장, 주기, 파속은 각각 $L=$

$\dfrac{4\pi}{k-k'}$, $T=\dfrac{4\pi}{kC-k'C'}$, $C=\dfrac{L}{T}=\dfrac{kC-k'C'}{k-k'}$ 이 된다. 또 $\cos\left(\dfrac{k+k'}{2}x-\dfrac{kC+k'C'}{2}t\right)$의

파에 대해서는 파장, 주기, 파속은 각각 $L=\dfrac{4\pi}{k+k'}$, $T=\dfrac{4\pi}{kc+k'c'}$, $C=\dfrac{kC+k'C'}{k+k'}$ 이 된다.

여기서, $k\fallingdotseq k'$, $C\fallingdotseq C'$ 이라고 생각하기 때문에 이들은 $\dfrac{2\pi}{k}$, $\dfrac{2\pi}{kC}$, C로 되어 파의 특성을

나타낸다.

다시 $\cos\left(\dfrac{k-k'}{2}x-\dfrac{kC-k'C'}{2}t\right)$의 파로 되돌아가면, 그 파장, 주기는 각각의 파의 파장,

주기에 비해서 크고, 합성된 파의 어떤 순간에서 파형의 포락선을 규정하는 것임을 알 수 있다.

이와 같은 포락선, 곧 파군의 전파속도를 군속도 C_g라고 하는데, 이는 다음과 같이 나타낼

수 있다.

$$C_g = \frac{kC-k'C'}{k-k'} = \frac{\delta(kC)}{\delta k} \tag{2.4.38}$$

즉, 다음 식으로 바꿔 쓸 수 있다.

$$C_g = \frac{d(kC)}{dk} = \frac{d\sigma}{dk} \tag{2.4.39}$$

여기에 분산관계식 (2.4.15)를 대입하여 k로 미분하면 식 (2.4.40)을 얻는다.

$$C_g = \frac{d\sigma}{dk} = \frac{C}{2}\left(1 + \frac{2kh}{\sinh 2kh}\right) = nc \tag{2.4.40}$$

여기서, $n = \dfrac{1}{2}\left(1 + \dfrac{2kh}{\sinh 2kh}\right)$이다.

군속도는 다음과 같이 천해파와 심해파에서 다르게 나타낼 수 있다.

$$\text{천해파의 군속도}: C_g = nC, \ \ n = \frac{1}{2}\left(1 + \frac{4\pi h/L}{\sinh\left(4\pi h/L\right)}\right)$$

$$\text{심해파의 군속도}: C_g = \frac{1}{2}C_0 = 0.78\,T$$

단위폭 1파장당의 위치에너지(potential energy)는 다음 식으로 주어진다.

$$E_p = \int_0^L \int_0^\eta \rho g y \, dy\, dx = \rho g \int_0^L \left[\frac{y^2}{2}\right]_0^\eta dx = \frac{\rho g}{2}\int_0^L \eta^2 \, dx \tag{2.4.41}$$

여기에 파형 $\eta = a\cos(kx - \sigma t)$를 대입하면 다음 식 (2.4.42)가 된다.

$$E_p = \frac{\rho g}{4}a^2\,L = \frac{\rho g H^2}{16}L \tag{2.4.42}$$

단위폭 1파장당 운동에너지(kinetic energy)는 다음과 같다. $E_k = \frac{\rho}{2}\int_0^L \int_{-h}^\eta (u^2 + v^2)\, dy\, dx$ 에서 연직운동은 매우 작다고 하여 생략한다. 따라서 E_k를 다시 쓰면$\left(u = \sqrt{\frac{g}{h}}\,\eta\right)$,

$$E_k = \frac{\rho}{2}\int_0^L \int_{-h}^\eta u^2 dy dx = \frac{\rho g}{4}a^2 L = \frac{\rho g H^2}{16}L \tag{2.4.43}$$

로 된다. 따라서 단위폭 1파장당 전체 에너지는 다음과 같다.

$$E = E_p + E_k = \frac{\rho g H^2}{16}L + \frac{\rho g H^2}{16}L = \frac{\rho g H^2}{8}L = 2E_p = 2E_k \tag{2.4.44}$$

단위표면적당 평균 에너지를 각각 $\overline{E}, \ \overline{E_p}, \ \overline{E_k}$로 나타내면 다음 식 (2.4.45)가 된다.

$$\overline{E} = \overline{E_p} + \overline{E_k} = \frac{\rho g H^2}{16} + \frac{\rho g H^2}{16} = \frac{\rho g H^2}{8} = 2\overline{E_p} = 2\overline{E_k} \qquad (2.4.45)$$

단위폭당 단위시간에 물이 하는 일률 W는 다음과 같다.

$$W = \int_{-h}^{\eta} Pu\, dy = \int_{-h}^{\eta} P\left(\frac{\partial \phi}{\partial x}\right) dy \fallingdotseq \int_{-h}^{0} P\left(\frac{\partial \phi}{\partial x}\right) dy \qquad (2.4.46)$$

여기서, P는 식 (2.4.33), u는 식 (2.4.23)을 이용하고 1주기에 걸쳐 평균을 취하면 다음 식이 된다.

$$\overline{W} = \frac{1}{T}\int_0^T W dt = \frac{1}{T}\int_0^T \int_{-h}^{0} pu\ dy$$

$$= \frac{1}{2}\rho g a^2 C_g = \frac{1}{8}\rho g H^2 C_g = \overline{E} C_g \qquad (2.4.47)$$

즉, 군속도는 파의 에너지를 수송하는 속도라고 해석할 수 있다.

예제 2.11

지금 1분간 10회의 상하운동이 관측되고, 그 높이는 1.2m이다. 그때의 파장(L_o), 파속(C_o), 군속도(C_g)와 파에너지의 수송량(W)을 구하여라($n_0 = 1/2$).

풀이 주기 $T = 60/10 = 6\mathrm{s}$, 파장 $L_0 = 1.56\,T^2 = 1.56 \times 6^2 = 56.2\mathrm{m}$,

파속 $C_o = 1.56\,T = 1.56 \times 6 = 9.4\mathrm{m/s}$

심해파 군속도 $C_g = \dfrac{1}{2} \times c_o = 9.4/2 = 4.7\mathrm{m/s}$

파에너지의 수송량

$W = E C_g = \dfrac{1}{8}\rho g H^2 C_g = \dfrac{1}{8} \times 1.03 \times 1.2^2 \times 4.7 = 0.871\mathrm{tf \cdot m/m}$

예제 2.12

수심(h) 15m, 주기(T) 15초, 파고(H_o) 6m의 파에 대해서 파장, 파속, 군속도, 1시간의 파에너지 수송량을 구하여라.

풀이 심해파 파장 $L_o = 1.56\,T^2 = 1.56 \times 15^2 = 351\mathrm{m}$

파속 $C_o = 1.56\,T = 1.56 \times 15 = 23.4\mathrm{m/s}$

상대수심 $\dfrac{h}{L_o} = \dfrac{15}{351} = 0.042$이므로 천해파이다.

천해파 파장 : $L = 1.56 \times T^2 \times \tanh(2\pi h/L) = 1.56 \times 15^2 \tanh\left(\dfrac{2 \times 3.1415 \times 15}{L}\right)$

$\qquad\qquad = 173.71\mathrm{m}$

천해파 파속 : $C = 1.56\,T\tanh(2\pi h/L) = 1.56 \times 15 \times \tanh\left(\dfrac{2 \times 3.1415 \times 15}{173.71}\right)$

$\qquad\qquad = 11.58\mathrm{m}$

심해파 군속도 : $C_g = \dfrac{1}{2} \times C_o = 23.4/2 = 11.7\mathrm{m/s}$

$\qquad\qquad k = 2\pi/L = 2 \times 3.1415/173.71 = 0.0361$

천해파 군속도 : $C_g = nC = C \times 1/2 \times (1 + 2kh/\sinh 2kh)$

$\qquad\qquad = 11.58 \times 1/2 \times (1 + 0.0361 \times 15/\sinh(0.0361 \times 15))$

$\qquad\qquad = 11.30\mathrm{m/s}$

한 파장 사이의 에너지의 수송량

$W = EC_g = \dfrac{1}{8}\rho g H^2 C_g = \dfrac{1}{8} \times 1.030 \times 6.0^2 \times 11.30 = 52.40\mathrm{tfm/m/s}$

1시간의 파에너지 수송량은

$W \times t = 52.40 \times 3600 = 188659.08\mathrm{tfm/m}$

2.4.6 중복파

파고와 주기가 같고, x의 양(+) 또는 음(−)의 방향으로 진행하는 2개의 파형을 각각 η_1, η_2로 하고, 이들에 대응하는 속도포텐셜을 ϕ_1, ϕ_2로 하면 다음 식과 같다.

$$\eta_1 = a\cos(kx - \sigma t) \qquad \phi_1 = a\frac{\sigma}{k}\frac{\cosh k(h+y)}{\sinh kh}\sin(kx - \sigma t)$$

$$\eta_2 = a\cos(kx + \sigma t) \qquad \phi_2 = -a\frac{\sigma}{k}\frac{\cosh k(h+y)}{\sinh kh}\sin(kx + \sigma t)$$

$$(2.4.48)$$

따라서 다음과 같은 식이 된다.

$$\eta = \eta_1 + \eta_2 = 2a\cos kx\cos\sigma t \qquad\qquad (2.4.49)$$

$$\phi = \phi_1 + \phi_2 = 2a\frac{\sigma}{k}\frac{\cosh k(h+y)}{\sinh kh}\sin(-\sigma t)\cos(kx)$$

$$= -2a\frac{\sigma}{k}\frac{\cosh k(h+y)}{\sinh kh}\cos kx\sin\sigma t$$

$$(2.4.50)$$

이렇게 해서 얻어진 파를 정상파(standing wave) 혹은 중복파(clapotis)라고 한다. 이 중복파에 대한 물 입자의 속도 u, v는 다음과 같다.

$$u = \frac{\partial\phi}{\partial x} = 2a\sigma\frac{\cosh k(h+y)}{\sinh kh}\sin kx\sin\sigma t$$

$$v = \frac{\partial\phi}{\partial y} = -2a\sigma\frac{\sinh k(h+y)}{\sinh kh}\cos kx\sin\sigma t$$

$$(2.4.51)$$

이로써 분명한 바와 같이 수평속도 u는 $x = n\dfrac{\pi}{k}$ 에서 항상 0이기 때문에, 위 식은 예를 들면, 그림 2.4.5에 도시한 바와 같이 $x = 0$에 직립벽을 설치한 경우의 조건 $\left(\dfrac{\partial\pi}{\partial x}\right)_{x=0} = 0$을 만족하는 중복파를 나타낸다. 이 $x = n\dfrac{\pi}{k}$ 의 곳에서 연직속도 v는 최대이고, 또 수면 변동 η도 최대이므로, 이것을 배(loop; antinode)라 한다. 또 $x = \left(\dfrac{n+1}{2}\right)\dfrac{\pi}{k}$ 의 곳에서 수평속도 u는 최대, 연직속도 v는 0이고, 수면 변동도 항상 0이므로, 이를 절(node)이라고 한다. 배에서는 수평속도 u가 항상 0이므로, 배에서 직립벽으로 막아도 운동 상태는 변화하지 않는다.

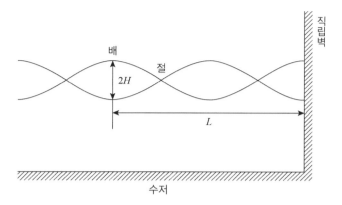

그림 2.4.5 직립벽에 의한 중복파

수평유속(u) $x = 0,\ \dfrac{\pi}{k},\ \dfrac{2\pi}{k},\ \cdots$ 에서 0, 연직속도 최대, 배(loop 혹은 antinode)

연직유속(v) $x = \dfrac{\pi}{2k},\ \dfrac{3\pi}{2k},\ \dfrac{5\pi}{2k},\ \cdots$ 에서 0, 수평속도 최대, 절(node)

이 파의 단위표면적당 평균 위치에너지 $\overline{E_p}$ 와 운동에너지 $\overline{E_k}$ 는 다음 식과 같다.

$$\overline{E_p} = \frac{1}{2}\rho g \overline{\eta^2} = \frac{\rho g}{2TL}\int_0^T\int_0^L\int_0^\eta \eta^2 dx dy dt = \frac{\rho g a^2}{2} \tag{2.4.52}$$

$$\overline{E_k} = \frac{\rho}{2TL}\int_0^T\int_0^L\int_{-h}^0 (u^2 + v^2)dx dy dt = \frac{\rho g a^2}{2} \tag{2.4.53}$$

이처럼 중복파의 각 에너지는 진폭 a 의 진행파의 각 에너지의 2배가 된다. 그러나 다시 단위폭, 1파장에 대한 위치에너지, 운동에너지를 구해보면, 각각 시간의 함수로 되는 것을 알 수가 있다. 즉, $\sin \sigma t = 0$ 의 순간에는 유체 내의 모든 장소에서 u, v 는 동시에 0으로 되고, 운동에너지는 0이지만, 그때 수면 변동은 최대이고, 위치에너지 또한 최대의 상태에 있다. 이렇게 에너지는 수송됨이 없이, 운동에너지와 위치에너지의 사이를 시간적으로 왕복하는 것을 알 수 있다.

앞서 설명한 진행파의 경우와 유사하게 물 입자의 평균 위치 $(x_0,\ y_0)$ 에 대한 변위$(\delta,\ \gamma)$를 구하면 다음과 같다.

$$\delta = -2a\frac{\cosh k(h+y_0)}{\sinh kh}\sin kx_0 \cos \sigma t$$

$$\gamma = 2a\frac{\sinh k(h+y_0)}{\sinh kh}\cos kx_0 \cos \sigma t$$

(2.4.54)

여기서, σt를 소거하면 다음과 같은 식을 얻는다.

$$\frac{\gamma}{\delta} = -\tanh k(h+y_0)\cot kx_0$$

(2.4.55)

곧, 물 입자의 이동 궤적은 (x_0, y_0)를 중심으로 하는 일정 경사의 직선으로, 물 입자는 배에서는 연직, 절에서는 수평 방향으로 왕복 운동을 한다는 것을 알 수가 있다.

유선(streamline)은 식 (2.4.51)로부터 다음의 미분방정식의 해로 주어진다.

$$\frac{v}{u} = \frac{dy}{dx} = -\tanh k(h+y)\cot kx$$

(2.4.56)

따라서 유선을 나타내는 곡선은 다음과 같다.

$$\sinh k(h+y)\sin kx = const.$$

(2.4.57)

이 형태는 비정상 운동이지만, 기본적으로는 시간적으로 변동하지 않는 유선의 형태로 되는 것을 알 수 있다.

우리가 지금까지 다룬 것은 연직벽에서 파가 완전히 반사할 경우에 생기는 완전 중복파에 대한 것이다. 이에 대해서 불완전 반사의 경우에는 다른 진폭을 갖는 파의 중첩(overlapping)이 된다. 이를 부분 진폭파라 한다. x의 음의 방향으로 진행하는 입사파의 진폭을 a_1, 양의 방향으로 진행하는 반사파의 진폭을 a_2로 하고, 또한 $a_1 > a_2$라 하면, 이들 입사파의 파형은 다음과 같다.

$$\eta = a_1 \cos(kx + \sigma t) + a_2 \cos(kx - \sigma t)$$
$$= (a_1 + a_2)\cos kx \cos \sigma t - (a_1 - a_2)\sin kx \sin \sigma t \qquad (2.4.58)$$

이로부터 그림 2.4.7에 나타낸 것과 같이 $L/4$마다 배와 절이 나타남을 알 수가 있다. 배에서의 진폭을 $a_{\max}{}^*$, 절에서의 진폭을 $a_{\min}{}^*$라 하면 다음 식으로 주어진다.

$$a_{\max}{}^* = a_1 + a_2, \ a_{\min}{}^* = a_1 - a_2 \qquad (2.4.59)$$

따라서 다음 식을 얻는다.

$$a_1 = \frac{1}{2}(a_{\max}{}^* + a_{\min}{}^*), \ a_2 = \frac{1}{2}(a_{\max}{}^* - a_{\min}{}^*) \qquad (2.4.60)$$

이로부터 반사율(reflection coefficient) K_r은 다음과 같다.

$$K_r = \frac{a_2}{a_1} = \frac{a_{\max}{}^* - a_{\min}{}^*}{a_{\max}{}^* + a_{\min}{}^*} \qquad (2.4.61)$$

따라서 배에서의 진폭과 절에서의 진폭을 측정함으로써 미소진폭파 이론이 적용된다고 했을 때의 반사율을 구할 수 있다. 이와 같은 방법을 힐리(Healy)의 방법이라 한다.

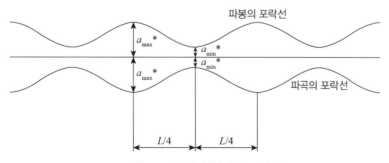

그림 2.4.6 부분 중복파의 포락선

예제 2.14

수심 8m의 안벽으로부터 20m 떨어진 위치에 거룻배가 계류되어 있다. 주기 10초, 파고 1m의 너울이 안벽의 정면으로부터 내습하는 경우 거룻배의 수평 변위의 진폭과 최대 속도를 구하시오.

풀이 $L = 1.56 \times T^2 \times \tanh\left(\dfrac{2 \times \pi \times h}{L}\right) = 1.56 \times 10^2 \times \tanh\left(\dfrac{2 \times 3.14 \times 8}{L}\right) = 83.8\text{m}$

거룻배는 수면에 떠 있기 때문에 $y_0 = 0$이다.

$\dfrac{x}{L} = \dfrac{20}{83.8} = 0.239$, $a = \dfrac{H}{2}$, $k = \dfrac{2\pi}{L} = \dfrac{2 \times 3.14}{83.8} = 0.075$, $kh = 0.075 \times 8 = 0.6$

$\tanh(0.6) = 0.537$, $\dfrac{L}{4} = \dfrac{83.8}{4} = 20.97$,

각도법(degree)으로 고쳐 계산 $\sin(kx) = \sin\left(\dfrac{360}{83.8} \times 20\right) = 0.997$

호도법(radian)으로 고쳐 계산 $\sin(kx) = \sin\left(\dfrac{2 \times \pi}{83.8 \times 0.01745} \times 20\right) = 0.997$

수평변위 : $\delta = -H\dfrac{\cosh k(h + y_0)}{\sinh kh}\sin kx \cos \sigma t = -1.0\dfrac{1}{0.537} \times 0.997 = 1.88\text{m}$

최대 수평속도 : $u = 2a\sigma\dfrac{\cosh k(h + y)}{\sinh kh}\sin kx \sin \sigma t = \dfrac{2\pi H}{T} \times \dfrac{1}{\tanh(kh)} \times \sin kx$

$\qquad = \dfrac{2 \times 3.14 \times 1.0}{10 \times 0.537} \times 0.997 = 1.18\text{m/s}$

예제 2.15

방파제 전면의 최대파고와 최소파고가 각각 $H_{\max} = 3.2\text{m}$, $H_{\min} = 1.0\text{m}$이다. 이때의 반사율 K_r를 힐리(Healy)의 방법으로 구하여라.

풀이 $K_r = (H_{\max} - H_{\min})/(H_{\max} + H_{\min}) = (3.2 - 1.0)/(3.2 + 1.0) = 0.52$

미소진폭파에서는 앞에 설명한 것과 같이 3개의 조건에 의해서 기초방정식을 선형화하였지만, 파고가 크게 되고, 또 파장이 짧게 되면, 수면 변동량 η도 0으로 놓을 수가 없게 되고, 또 속도의 제곱항이나 수면경사 $\frac{\partial \eta}{\partial x}$도 무시할 수 없기 때문에 미소진폭파의 이론으로는 충분히 현상을 설명할 수 없게 된다. 따라서 이와 같은 양을 미소량으로 무시하지 않고 이론을 전개해야 한다. 이와 같은 파의 이론을 유한진폭파의 이론으로 말한다. 유한진폭파(finite amplitude waves)의 이론에서는 오일러의 운동방정식과 연속방정식에 근거하여, 미소진폭파와 같은 방법으로 비회전운동의 파를 취급한 스톡스파, 라그랑쥐 운동방정식과 연속방정식에 의한 회전운동의 파인 트로코이드파, 상대수심 h/L이 거의 1/10 이하의 얕은 곳에 적용되는 크노이드파 혹은 하이퍼볼릭파, 주기파가 아닌 파봉이 하나밖에 없는 고립파 등의 이론이 있다.

2.5.1 스톡스파

이 파를 1847년에 처음으로 취급한 것이 스톡스이기 때문에 상대수심 h/L이 거의 1/10 이상의 심해와 천해에 적용되는 비회전 운동의 유한진폭파를 스톡스파(stokes waves)라고 말하고 있다. 스톡스파의 해법에는 각종의 것이 있지만 Skjelbreia(1959)의 3차 근사해에 관해서 설명하면 다음과 같다. Skjelbreia는 속도포텐셜 ϕ, 수면 변동량 η, 파속 C를 다음 식과 같이 급수의 형태로 놓았다.

속도포텐셜 $\phi = D_0 (g/K^3)^{1/2} \sum_{i=1}^{3} \sum_{j=1}^{i} A_{ij} \cosh jk(h+z) \sin jk(x-Ct)$ (2.5.1)

수면파형 $\eta = k^{-1} \sum_{i=1}^{3} \epsilon^i \sum_{j=1}^{i} B_{ij} \cos jk(x-Ct)$ (2.5.2)

파속 $C = (g/k)^{1/2} (D_0 + \epsilon^2 D_2)$ (2.5.3)

여기서, η는 평균 수면으로부터의 수면 변동량, x는 평균 수면 위의 수평좌표, z는 평균 수면을 원점으로 하는 연직상향의 좌표, k는 파수($= 2\pi/L$), L은 파장, $\epsilon = \pi H/L = k(h/2) = ka$, H는 파고, a는 진폭이며, A_{ij}, B_{ij} 및 C_i의 각 계수는 다음과 같이 주어진다.

$$A_{11} = 1/\sinh kh, \;\; A_{21} = 0, \;\; A_{32} = 0$$

$$A_{22} = 3S^2/[2(1-S)^2], \;\; S = \operatorname{sech} 2kh$$

$$A_{31} = (-4 - 20S + 10S^2 - 13S^3)/[8(1-S)^3 \sinh kh$$

$$B_{11} = 1, \;\; B_{21} = 0, \;\; B_{32} = 0 \qquad\qquad (2.5.4)$$

$$B_{31} = -3(1 + 3S + 3S^2 + 2S^3)/[8(1-S)^3] = -B_{33}$$

$$D_0 = (\tanh kh)^{1/2}, \;\; D_1 = 0$$

$$D_2 = (\tanh kh)^{1/2}(2 + 7S^2)/[4(1-S)^2]$$

여기에 나타낸 해는 Stokes의 파속의 제1정의를 이용하여 유도한 Stokes파의 제3차 근사해이고, 심해파로부터 천해파까지를 연속적으로 기술할 수 있다. 단 A_{ij}나 B_{ij}는 수심이 얕아짐에 따라 $kh(= 2\pi h/L) \rightarrow 0$이 되면 발산하기 때문에, $kh \le H/h$에서는 다음에 나타내는 크노이드파를 이용하는 쪽이 바람직하다. 이것에 대해서 멱급수 전개에 고안을 더한 Cokelet(1977)의 해석이나 급수전개에 의존하지 않고 기초식을 엄밀하게 푸는 Tanaka의 해석을 이용하면 심해로부터 극천해까지 파를 근사 없이 통일적으로 기술할 수가 있다. 유한진폭성의 영향은 고조파의 생성이나 파속에 미치는 파고의 영향으로 나타나고, 파형의 상하 비대칭성이 가지는 물입자에 대해서는 특히 크다. 이 때문에 더욱 고차의 근사해가 필요한 경우에는 Cokelet이나 Tanaka의 해를 이용하는 것이 바람직하지만, 제5차 근사해까지라면 Stokes의 파속의 제2정의를 이용한 경우도 포함하여, Fenton(1985)이 사용하기 쉬운 형태로 해의 표시를 나타내고 있기 때문에, 이것을 이용할 수가 있다.

2.5.2 크노이드파

크노이드파(cnoidal waves)는 1895년 Korteweg와 de Vries에 의해 발견되었고, 그 역사가 상당히 오래되었음에도 불구하고 해안 기술자들에게는 그다지 친밀하지 않다. 그것은 수학적 취급에 Jacobi의 타원함수나 스톡스파의 이론식에서 알 수 있듯이, $kh = 2\pi h/L$이 작으면, 파형 외에 각 식의 급수의 수렴이 악화되어 스톡스파의 식을 적용할 수 없다. 그 적용한계는 h/L의 값이 1/10이든지 1/8로 나타난다. 따라서 h/L이 이 한계값보다 작은 경우에는, 스톡스파 이론이 아니라, 크노이드파의 이론을 적용해야 한다. 스톡스파와는 반대로 크노이드파의 이론에서는 h/L의 값이 커지면 적용할 수 없다. 이와 같이 크노이드파 이론의 필요성은 인정되지만, 타원함수와 같은 고등함수가 포함되어 있기 때문에 공학상 실제적인 문제에 응용하는 것은 매우 곤란하다. 크노이드파의 속도포텐셜, 수면파형, 파속의 제1차 근사는 다음과 같이 주어진다.

$$\text{속도포텐셜} \quad \phi = \sqrt{gh}\left(\frac{H}{h}\right)\left[\int cn^2\{\alpha(x-Ct)\}dx - \delta(x-Ct)\right] \tag{2.5.5}$$

$$\text{파형} \quad \eta = H[cn^2\{\alpha(x-Ct)\}-\delta], \quad \alpha = \frac{1}{2\mathrm{m}}\left(\frac{3H}{h^3}\right)^{1/2}, \quad \delta = \frac{1}{\mathrm{m}^2}\left(\frac{E}{K}+\mathrm{m}^2-1\right) \tag{2.5.6}$$

$$\text{파속} \quad C = \sqrt{gh}\left[1 + \frac{1}{2\mathrm{m}^2}\left(\frac{H}{h}\right)\left(2\mathrm{m}^2 - \frac{3E}{K} - 1\right)\right] \tag{2.5.7}$$

여기서, cn은 Jacobi의 타원함수이며, K와 E는 제1 및 제2종 완전타원적분이며, m은 타원적분의 모수, L은 파장, H는 파고, h는 평균수심이며, 타원적분이나 타원함수의 계산에 필요한 모수 m의 값은 다음 식에 파장 L 혹은 주기 T를 (H/h)와 같이 대입하는 것에 의해 유도된다.

$$4\mathrm{m}K = \left(\frac{3H}{h}\right)^{1/2}\frac{L}{h} \quad \text{또는} \quad \left(\frac{3H}{h}\right)^{1/2}\frac{CT}{h} \tag{2.5.8}$$

2.5.3 고립파

만약 파장이 매우 길고, 극한으로서 무한대로 된 경우를 고려하면 파봉이 하나이고 파곡이 존재하지 않는 비주기적인 파가 된다. 이 파를 고립파(solitary waves)라고 하며, 이와 같이 파형이 정해지지 않고 일정한 속도로 같은 수심을 진행하는 단일의 파봉을 가진 파의 존재를 처음 주장한 것은 1838년경 Russel이었다. 그 후 1872년 Boussinesq, 1876년 Rayleigh, 1891년 McCowan 등에 의해서 수학적으로 취급되었고, Keulegan(1950), Iwasa(1955), Laitone(1961)의 연구로 확장되었다. 고립파의 여러 가지 특성은 다음 식에 의해 나타낼 수 있다.

$$\text{파형} \quad \eta = H\left[\operatorname{sech}^2 v'\left\{1 - \frac{3}{4}\frac{H}{h}(1 - \operatorname{sech}^2 v')\right\}\right] \tag{2.5.9}$$

$$\text{파속} \quad C = \sqrt{gh}\left\{1 + \frac{1}{2}\frac{H}{h} - \frac{3}{30}\left(\frac{H}{h}\right)\right\} \tag{2.5.10}$$

여기서,

$$v' = \sqrt{\frac{3H}{4h^3}}\left(1 - \frac{5}{8}\frac{H}{h}\right)(x - Ct) \tag{2.5.11}$$

이다. 위의 여러 식은 2차 근사이며, 제1 근사식은 위 식의 우변 제1항 혹은 제2항까지를 사용하면 얻어진다. 또 정수면 위의 단위 파봉 폭당의 고립파의 용적 Q는 파형의 식 (2.5.9)로 나타내는 η를 $x = -\infty$에서 $+\infty$까지 적분하여 다음과 같이 구해진다.

$$Q = \frac{4}{\sqrt{3}}h^{1/2}h^{3/2}\left\{1 + \frac{+3}{8}\frac{H}{h} + \frac{15}{64}\left(\frac{H}{h}\right)\right\} \tag{2.5.12}$$

2.5.4 유한진폭파의 적용범위

스톡스파 및 크노이드파의 근사해는 그 차수만이 아니라 파고, 주기 및 수심에도 정도가 의존하기 때문에, 적용 가능한 영역을 알고 있어야 한다. 여기서는 Goda(1983)의 비선형 파라미터

$$\Pi = \left(\frac{h}{L_A}\right)\coth^2\left(\frac{2\pi h}{L_a}\right) \tag{2.5.13}$$

을 이용하여 스톡스파의 제3차 근사해, 크노이드파의 제2차 근사해 및 미소진폭파의 파봉과 파속에 관한 적용범위를 고려한 Iwata의 결과를 나타낸다(그림 2.5.1). 미소진폭파, 스톡스파의 적용범위는 경계선의 아래쪽에 있고, 크노이드파의 적용범위는 경계선($\Pi = 0.35$)의 위쪽에 있다. 여기서, L_A는 미소진폭파의 파장이다.

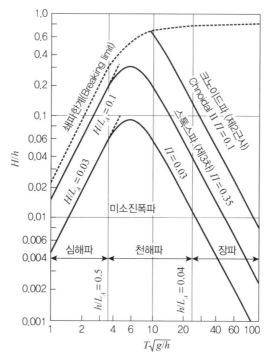

그림 2.5.1 미소진폭파와 유한진폭파 이론의 적용범위

CHAPTER

3

· ·

파의 변형

파의 변형

심해역에서 발생하고 발달한 파는 천해역으로 진행해오는 동안 해저지형의 변화, 장애물의 존재 등에 의해 여러 가지 변형을 받는다. 파의 변형은 주로 파의 진행 방향의 연직 단면 내에서 일어나는 1차적인 파의 변형(천수변형, 쇄파, 해저마찰, 해저면 침투 등)과 수평면 내에서 일어나는 평면 2차원적 파의 변형(반사, 굴절, 회절 등)으로 분류된다.

실제 해역에서는 1차원적이면서 2차원적인 파의 변형이 복잡하게 얽혀서 발생하고 있다. 파의 변형을 다루는 경우, 통상 미소진폭파 이론을 사용하지만, 충분히 설명할 수 없는 경우에는 유한진폭파 이론으로 설명한다.

3.1 파의 천수변형

파가 심해역을 지나 천해역에 들어오면(수심이 변하면서) 차례로 파고, 파장, 파속이 변화한다. 이것을 천수변형(wave shoaling)이라고 부른다. 여기서는 파가 심해역으로 반사가 일어나지 않으며, 해저경사를 무시하고 각각의 위치에서 일정한 수심에 대한 미소진폭파 이론을 적용하는 것으로 가정하여, 천수변형에 대해서 설명한다.

3.1.1 천수변형에 의한 파고의 변화

그림 3.1.1에 나타내듯이 단면 $x = x$와 단면 $x = x + \Delta x$로 둘러싸인 영역에서 단위길이당의 1주기 평균한 에너지를 $E(x,\,t)$로 한다. 단면 $x = x$를 통과하고 나서 영역 내로 수송하는 단위시간당의 에너지를 $W(x,\,t)$로 하면, 단면 $x = x + \Delta x$에서 영역 밖으로 유출하는 단위시간당의 에너지는 $W + (\partial W/\partial x)\Delta x$로 한다. 영역 내에서 일산되는 단위시간과 단위길이당의 에너지를 $D(x,\,t)$로 하면 파에너지 보존 법칙으로부터 다음 식이 얻어진다.

$$\frac{\partial E}{\partial t} + \frac{\partial W}{\partial x} + D = 0 \tag{3.1.1}$$

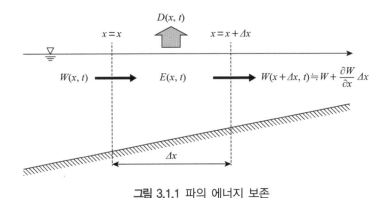

그림 3.1.1 파의 에너지 보존

여기서는 현상을 간편하게 하기 위하여 파의 성질은 시간적으로 변화하지 않는 정상상태 $(\partial E/\partial t = 0)$로 가정하며, 파의 에너지 일산은 일어나지 않는다고 가정한다$(D = 0)$. 따라서 식 (3.1.1)은 다음과 같이 되며, 수송되는 에너지 W는 어느 단면에서도 일정하게 된다.

$$\frac{\partial W}{\partial x} = 0 \tag{3.1.2}$$

파의 에너지 수송량 W는 식 (2.4.47)에 의해 $W = EC_g$로 주어지기 때문에 다음 식과 같이 주어진다.

$$W = \overline{E}C_g = \overline{E}Cn \qquad (3.1.3)$$

이 에너지 유속은 각 단면에서 보존되는 것으로 고려하며, 하나는 심해파의 조건, 다른 하나는 수심 h의 천해파 조건을 취하여 생각하면, $W = W_o$의 관계로부터

$$\frac{1}{8}\rho g H^2 Cn = \frac{1}{8}\rho g H_o^2 C_o n_o \qquad (3.1.4)$$

로 쓸 수 있다. 여기서, $n_o = \dfrac{1}{2}$ 이므로, 식 (3.1.4)는 다음과 같이 된다.

$$\frac{H}{H_o} = \sqrt{\frac{1}{2n}\frac{C_o}{C}} = K_s \qquad (3.1.5)$$

여기서, K_s 는 천수계수(shoaling coefficient)라고 하며, $n = \dfrac{1}{2}\left(1 + \dfrac{2kh}{\sinh 2kh}\right)$ 이다.

$$K_s = \frac{H}{H_o} = \left[\frac{C_o}{C}\left(\frac{1}{1 + \dfrac{2kh}{\sinh 2kh}}\right)\right]^{\frac{1}{2}} = \left[\frac{1}{\tanh kh}\left(\frac{1}{1 + \dfrac{2kh}{\sinh 2kh}}\right)\right]^{\frac{1}{2}}$$

$$= \left[\tanh kh\left(1 + \frac{2kh}{\sinh 2kh}\right)\right]^{-\frac{1}{2}} \qquad (3.1.6)$$

그림 3.1.2에 수심과 심해파의 파장비 h/L_o와 천수계수 K_s, 무차원 군속도 C/C_o의 관계를 나타낸다. h/L_o가 커짐에 따라서 K_s가 일단 감소하며 그 후에 증대하고 있다. 그러나 수심이 얕아지면 미소진폭파 이론인 식 (3.1.6)을 적용할 수 없게 된다. 이 경우에는 유한진폭파 이론을 이용하게 된다.

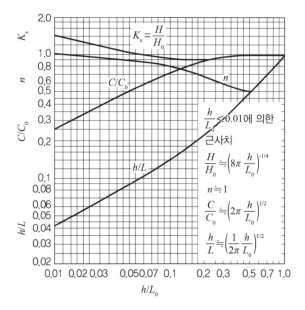

그림 3.1.2 미소진폭파에 의한 파장, 파속, 천수계수 산정도

Shuto(1974)는 어느 정도 얕은 곳의 파에 대한 파고 변화를 비교적 간단한 다음과 같은 식으로 나타내었다.

$$\frac{H}{H_o} \equiv K_s = \begin{cases} K_{si} & (h \le h_{30}) \\ (K_{si})_{30}\left(\dfrac{h_{30}}{h}\right)^{2/7} & (h_{30} < h \le h_{50}) \\ K_s\left(\sqrt{K_s} - A\right) - B = 0 & (h_{50} < h) \end{cases} \tag{3.1.7}$$

여기서, K_{si}는 식 (3.1.6)에서 구해지는 천수계수, h_{30}과 $(K_{si})_{30}$은 다음의 식 (3.1.8)을 만족하는 수심과 천수계수, H_{50}은 식 (3.1.9)를 만족하는 수심, B와 C는 식 (3.1.10)으로 부여되는 계수이다.

$$\left(\frac{h_{30}}{L_o}\right)^2 = \frac{2\pi}{30}\frac{H_o}{L_o}(K_{si})_{30} \tag{3.1.8}$$

$$\left(\frac{h_{50}}{L_o}\right)^2 = \frac{2\pi}{50}\frac{H_o}{L_o}(K_{si})_{50} \tag{3.1.9}$$

$$A = \left(\frac{2\sqrt{3}}{\sqrt{2\pi H_o/L_o}}\right)\left(\frac{h}{L_o}\right), \quad B = \left(\frac{C_{50}}{\sqrt{2\pi H_o/L_o}}\right)\left(\frac{h_{50}}{L_o}\right)^{3/2} \tag{3.1.10}$$

여기서, L_o는 심해파의 파장이며, $(K_s)_{50}$은 $h = h_{50}$에서의 천수계수이며, C_{50}은 다음과 같다.

$$C_{50} = (K_s)_{50}\left(\frac{h_{50}}{L_o}\right)^{1.5}\left[\sqrt{\frac{2\pi H_o}{L_o}(K_s)_{50}} - 2\sqrt{3}\frac{h_{50}}{L_o}\right] \tag{3.1.11}$$

또 $\dfrac{H_o}{L_o} \leq 0.04$의 조건이라면, 유한진폭파 이론으로 유도된 다음 식을 이용해야 한다. 천수계수(shoaling coefficient) K_s는 다음과 같다.

$$K_s = K_{si} + 0.0015\left(\frac{h}{L_o}\right)^{-2.87}\left(\frac{H_o}{L_o}\right)^{1.27} \tag{3.1.12}$$

또한 어셀($U_s = gHT^2/h^2$)의 수가 30 이하이면 그림 3.1.2, 어셀의 수가 30 이상이면 그림 3.1.3을 사용할 것을 추천한다.

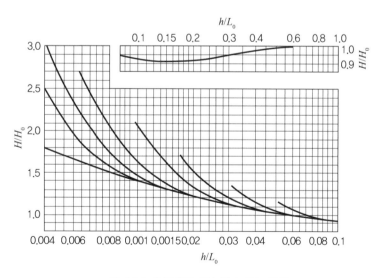

그림 3.1.3 유한진폭파의 천수계수 산정도

예제 3.1

주기 6초, 파고 2m의 심해파가 등심선에 평행한 해안에 직각으로 입사한 경우 수심 5m의 지점에서 파고를 구하여라.

풀이 $L = 1.56 T^2 \tanh\left(\dfrac{2\pi h}{L}\right) = 1.56 \times 6^2 \times \tanh\left(\dfrac{2 \times 3.141592 \times 5}{L}\right)$

구하면 $L = 38.07\text{m}$, $kh = 2\pi h/L = 2 \times 3.141592 \times 5/38.07 = 0.825$

따라서 $K_{si} = \left[\left(1 + \dfrac{2kh}{\sinh 2kh}\right)\tanh kh\right]^{-\frac{1}{2}}$

$= \left[\left(1 + \dfrac{2 \times 0.825}{\sinh(2 \times 0.825)}\right)\tanh 0.825\right]^{-\frac{1}{2}} = 0.943$

$H_o/L_o = 2/(1.56 \times 6^2) = 0.035$ 이므로 식 (3.1.12)에 의해

$K_s = 0.943 + 0.022 = 0.965$, $H = 0.965 \times 2 = 1.93\text{m}$

$U_S = gHT^2/h^2 = 9.806 \times 2 \times 6^2/5^2 = 28.24 < 30$ 이므로 미소진폭파 이론에 의한 그림 3.1.2를 이용하면 $h/L_o = 5/(1.56 \times 6^2) = 0.089$

그림으로부터 $K_s \cong 0.95$ 거의 일치한다. $H = 0.95 \times 2 = 1.9\text{m}$

예제 3.2

파고 3m, 주기 12초인 너울성 심해파가 직선 해안에 직각으로 입사하고 있다. 수심 10m, 5m에서의 파고와 파형경사를 구하여라.

풀이 $L_o = 1.56 \times 12^2 = 224.64$, $H_o/L_o = 3/224.64 = 0.013$

(1) 수심 10m에서 $gHT^2/h^2 = 9.806 \times 3 \times 12^2/10^2 = 42.36$ 유한진폭파임 그림 3.1.3
$h/L_o = 10/224.64 = 0.044$ 그림에서 $K_s = H/H_o = 1.05$, $H = 3 \times 1.05 = 3.15\text{m}$

(2) 수심 5m에서 $gHT^2/h^2 = 9.806 \times 3 \times 12^2/5^2 = 169.44$ 유한진폭파임 그림 3.1.3
$h/L_o = 5/224.64 = 0.022$ 그림에서 $K_s = H/H_o = 1.6$, $H = 3 \times 1.6 = 4.8\text{m}$

예제 3.3

심해파 파고가 2m, 주기가 5초, 수심 5m인 경우 h_{30}을 구하여라.

풀이 $L_o = 1.56 \times 5^2 = 39.0\text{m}$, $k = 2\pi/L_o = 2 \times 3.141593/39.0 = 0.161$, $kh = 0.161 \times 5 = 0.805$

$$K_{si} = \left[\left(1 + \frac{2kh}{\sinh 2kh}\right)\tanh kh\right]^{-\frac{1}{2}}$$

$$= \left[\left(1 + \frac{2 \times 0.805}{\sinh(2 \times 0.805)}\right)\tanh(0.805)\right]^{-\frac{1}{2}} = 0.947$$

$$h_{30} = \sqrt{2\pi L_0 H_0 (K_{si})_{30}/30} = \sqrt{2 \times 3.1415 \times 39 \times 2 \times 0.947/30} = 3.93\text{m}$$

$h_{30} = 3.93\text{m} < h = 5\text{m}$이므로 식 (3.1.8)로부터

$$K_s = 0.947 \times (3.93/5)^{2/7} = 0.88$$

예제 3.4

심해파 파고 4.5m, 주기 12초, 해저경사 1/10, 수심 8m에 도달했을 때 파고를 구하여라.

풀이 $\dfrac{H_o}{L_o} = \dfrac{4.5}{224.64} = 0.02 \leq 0.04$이므로 $L_o = 1.56 \times 12^2 = 224.64\text{m}$,

$L = L_o \tanh(2 \times \pi \times h/L) = 224.64 \times \tanh(2 \times 3.1415 \times 8/L)$, $L = 102.28\text{m}$

$$kh = \frac{2\pi h}{L} = \frac{2 \times 3.1415 \times 8}{102.28} = 0.4914$$

$$K_{si} = \left[\tanh kh\left(1 + \frac{2kh}{\sinh 2kh}\right)\right]^{-\frac{1}{2}}$$

$$= \left[\tanh 0.4914\left(1 + \frac{2 \times 0.4914}{\sinh(2 \times 0.4914)}\right)\right]^{-\frac{1}{2}} = 1.087$$

$$K_s = K_{si} + 0.0015\left(\frac{h}{L_o}\right)^{-2.87}\left(\frac{H_o}{L_o}\right)^{1.27} = 1.087 + 0.0015\left(\frac{8}{224.64}\right)^{-2.87}\left(\frac{4.5}{224.64}\right)^{1.27}$$

$$= 1.237$$

$$H = K_s \times H_o = 1.237 \times 4.5 = 5.57\text{m}$$

예제 3.5

심해파고(H_o) 2m, 주기 4초의 파가 수심 5m 지점을 진행하고 있다. 천수계수(K_s)를 구하여라.

풀이 $H_o/L_o = 2/24.96 = 0.08 > 0.04$이므로 $K_s = K_{si}$

$L = L_o \tanh kh = 1.56 \times 4 \times 4 \times \tanh(2 \times 3.1415 \times 5/L), \ L = 22.18 \text{m}$

$k = 2\pi/L = 2 \times 3.1415/22.18 = 0.2832, \ kh = 0.2832 \times 5 = 1.4163$

$K_s = K_{si} = 1/\sqrt{\tanh kh \times (1 + 2kh/\sinh(2kh))}$

$= 1/\sqrt{\tanh 1.4163 \times (1 + 2 \times 1.4163/\sinh 2 \times 1.4163)} = 0.918$

3.1.2 천수변형에 의한 파장과 파속의 변화

수심이 변화하면 파장과 파속도 변화한다. 천해역과 심해역에서의 파장 L과 L_o, 파속 C와 C_o은 각각 식 (3.1.13)과 (3.1.14)로 주어진다.

$$L = \frac{gT^2}{2\pi}\tanh\frac{2\pi h}{L}, \ C = \frac{gT}{2\pi}\tanh\frac{2\pi h}{L} \tag{3.1.13}$$

$$L_o = \frac{gT^2}{2\pi}, \ C_o = \frac{gT}{2\pi} \tag{3.1.14}$$

식 (3.1.13)과 (3.1.14)의 비를 취하면 다음과 같은 관계가 얻어진다.

$$\frac{L}{L_o} = \frac{C}{C_o} = \tanh\frac{2\pi h}{L} = \tanh kh \tag{3.1.15}$$

즉, $L = L_o\tanh kh$, $C = C_o\tanh kh$ 이다. 여기서, $k = \dfrac{2\pi}{L}$, 심해파에서 $\tanh kh ≒ 1$, 장파에서 $\tanh kh ≒ kh$이다. 이것으로부터 C/C_o와 L/L_o는 일치한다. 따라서 K_s, L/L_o, C/C_o의 관계를 구할 수 있다. 그림 3.1.2와 그림 3.1.3은 이들의 관계를 미소진폭파 이론과 유한진폭파 이론으로 각각 나타낸 것이다.

3.2 파의 굴절변형

3.2.1 굴절현상

실제의 해빈지형에서 파의 방향은 안측(cross-shore) 방향으로뿐만 아니라 연안 방향으로도 변화한다. 파는 어떤 각도를 가지고 입사해 들어온다. 그러나 파가 부서지는 부근을 관찰해보면, 파봉선은 정선과 거의 평행하게 되어 있는 것을 알 수 있다. 심해역으로부터 해안을 향하여 진행하는 파는 해빈지형의 영향을 받아서 진행 방향과 파봉선의 평면 형상이 변화한다. 이 현상은 수심에 의해 파의 진행속도가 국소적으로 변하는 것에 의해 파의 굴절(wave refraction)이라고 부른다.

지금 그림 3.2.1에 나타내는 수심 h_1에서 $h_2(h_1 > h_2)$로 변하는 직선경계 AB에 파가 각도 θ_1으로 입사하는 경우를 고려하자. 수심 h_1과 h_2에서의 파속은 각각 C_1과 $C_2(C_1 > C_2)$로 나타낸다. 파의 진행 방향은 파봉을 연결한 파봉선에 직교하는 파향선을 나타낸다. 그림 3.2.1에서와 같이 간격이 b_1인 2개의 파향선과 경계선과의 교점을 각각 A, B로 하자. 파향선 I 위의 파봉이 점 A에 도달했을 때 파향선 II 위의 파봉은 점 C에 있어 파봉선은 AC로 된다. 파봉선 II 위의 파봉은 경계선 위의 점 B에 도달했을 때 수심 h_2의 영역을 진행하는 파향선 I 위의 파봉은 파속의 감소 때문에 점 D까지밖에 도달하지 않는다. 따라서 파봉선은 DB로 되고 파향이 경계선에서 굴절한 것으로 된다. 파향선 II 위에서 파봉이 파속 C_1에서 CB 사이를 진행하는 t시간 내에 파향선 I 위의 파봉은 파속 C_2에서 AB 사이를 진행한 것으로 되기 때문에 다음의 관계가 얻어진다.

$$\frac{\overline{CB}}{C_1} = \frac{\overline{AD}}{C_2} \tag{3.2.1}$$

또 그림으로부터 알 수 있듯이 $\overline{CB} = \overline{AB}\sin\theta_1$과 $\overline{AD} = \overline{AB}\sin\theta_2$이기 때문에 이들을 이용하여 식 (3.2.1)은 다음과 같이 고쳐 쓸 수 있다.

$$\frac{\sin\theta_1}{C_1} = \frac{\sin\theta_2}{C_2} \tag{3.2.2}$$

따라서 해양에서의 파의 굴절도 빛의 경우와 똑같이 Snell의 굴절법칙을 따르는 것을 알 수 있다. 파가 굴절하면 파향선의 간격이 b_1에서 b_2로 변화한다. 파향선 간격에 대해서는 그림 3.2.1의 기하학적 조건으로부터 다음의 식이 유도된다.

$$\frac{b_1}{\cos\theta_1} = \frac{b_2}{\cos\theta_2} \tag{3.2.3}$$

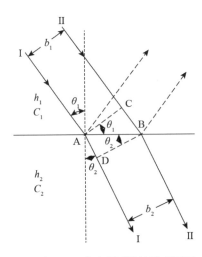

그림 3.2.1 파의 굴절현상의 설명도

3.2.2 굴절현상에 의한 파고 변화

그림 3.2.1에 나타내듯이 심해역에서 천해역으로 경사를 가지고 입사하는 파는 굴절하며, 파향선의 간격이 b_o이었지만, 천해역 어떤 지점에서는 b로 변화한다. 파향선은 파의 진행 방향을 나타낸 것이고, 이 2개의 파향선을 횡단하는 에너지의 출입이 없다고 가정하고, 또 해저마찰 등의 의한 에너지 손실을 무시하면 파향선 사이에서 소송되는 파의 에너지는 보존된다. 이들의 가정에 근거하면 다음 식을 만족한다.

$$b_o n_o E_o C_o = bnEC = const. \tag{3.2.4}$$

여기서, 식 (3.2.4)에 $n_o = 1/2$, $E_o = \rho g H_o^2/8$, $E = \rho g H^2/8$을 대입하여 정리하면, 다음 식이 얻어진다.

$$\frac{H}{H_o} = \sqrt{\frac{1}{2n}\frac{C_o}{C}}\sqrt{\frac{b_o}{b}} = K_s K_r \tag{3.2.5}$$

여기서, $K_r = \sqrt{b_o/b}$ 이고, K_r은 굴절계수(reflection coefficient)라고 부른다. 등심선에 평행한 직선형태를 띤 해안에 파가 경사로 입사했을 때에 굴절은 식 (3.2.5)를 심해영역의 등심선부터 순차적으로 적용하는 것에 의해 굴절각과 굴절계수는 다음 식으로 계산할 수 있다.

굴절각 : $\dfrac{\sin\alpha}{\sin\alpha_o} = \dfrac{C}{C_o}$ \hfill (3.2.6)

굴절계수 : $K_r = \sqrt{\dfrac{b_o}{b}} = \sqrt{\dfrac{\cos\alpha_o}{\cos\alpha}} = \left(\dfrac{1-\sin^2\alpha_o}{1-\sin^2\alpha}\right)^{1/4}$

$$= \left\{1 + (1-\tanh^2 kh)\tan^2\alpha_o\right\}^{-1/4} \tag{3.2.7}$$

$$= \left[1 + \left\{1 - \left(\frac{C}{C_o}\right)^2\right\}\tan^2\alpha_o\right]^{-1/4}$$

여기서, α_o는 심해역에서 천해역으로 들어올 때의 입사각이다. C/C_o는 그림 3.1.2에 나타내듯이 h/L_o의 함수이기 때문에, 심해역에서의 파의 입사각 α_o가 주어지면 식 (3.2.6)으로부터 수심 h에서의 입사각 α의 값과 식 (3.2.7)로부터 굴절계수 K_r의 값도 구할 수 있다. 이들의 관계를 나타낸 것이 그림 3.2.2이다.

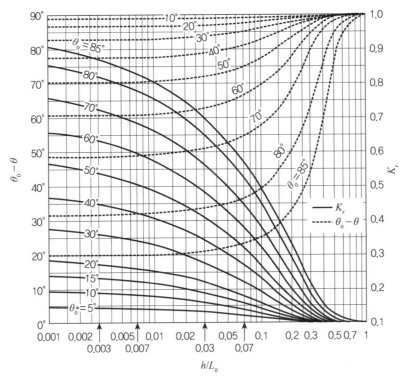

h/L_o

그림 3.2.2 굴절에 의한 파의 파향각과 굴절계수 산정도

예제 3.6

완만한 해저경사에 등심선이 평행한 해안에 주기 12초, 파고 3m의 심해파가 입사각 40°로 입사하는 경우, 수심 20m, 10m, 5m에서 파의 파향각과 파고를 구하여라.

풀이 심해파의 파장은 $L_o = 1.56 \times T^2 = 1.56 \times 12^2 = 224.7$m이고, 수심 20m, 수심 10m, 수심 5m에서 h/L_o는 각각 0.089, 0.045, 0.022로 된다.

굴절도를 이용하여 굴절 후 파향각 θ와 굴절계수 K_r을 읽으면 각각 다음과 같다.

$\theta = 14°$, 21°, 26°이고, 20m, 10m, 5m의 각 지점에서 입사각은

$\alpha = 40 - 14 = 26°$, $\alpha = 40 - 21 = 19°$, $\alpha = 40 - 26 = 14°$

$K_r = 0.92$, 0.90, 0.88이다.

각각의 수심에서 K_s를 구하면 0.95, 1.05, 1.13을 읽을 수 있다.

따라서 $H = K_s K_r H_o$이므로

1. 수심 20m에서 $H = K_s \times K_r \times H_o = 0.95 \times 0.92 \times 3.0 = 2.62$m

2. 수심 10m에서 $H = 1.05 \times 0.9 \times 3.0 = 2.84$m

3. 수심 5m에서 $H = 1.13 \times 0.88 \times 3.0 = 2.98$m

예제 3.7

주기가 10sec인 심해파가 파고가 5m, 입사각이 55°일 때 수심 7m에서의 파고와 파향을 구하여라.

풀이 심해파 주기는 $L_o = 1.56 \times T^2 = 1.56 \times 10^2 = 156$m

$C_o = 1.56 \times T = 1.56 \times 10 = 15.6$m/sec

$L = 1.56 \times 10 \times 10 \left[\tanh \left(\dfrac{2 \times 3.141592 \times 7}{L} \right) \right]$, $L = 78.94$m

$kh = 2\pi h / L = 2 \times 3.141592 \times 7 / 78.94 = 0.557$

$K_s = (\tanh 0.557 \times (1 + 2 \times 0.557 / \sinh 2 \times 0.557))^{-1/2} = 1.042$

$K_r \equiv \left[1 + \left\{ 1 - (\tanh^2 kh) \right\} \tan^2 \alpha_0 \right]^{-\frac{1}{4}}$

$\equiv \left[1 + (1 - \tanh^2 (0.557)) \times \tan^2 (55°) \right]^{-\frac{1}{4}} = 0.793$

$h = 7$m에서의 파고는

$\therefore \ H = H_o \times K_s \times K_r = 5 \times 1.042 \times 0.793 = 4.13$m

$\dfrac{H_o}{L_o} = 0.032 \ll 0.044$이므로 K_s는

$K_s = K_{si} + 0.0015 \left(\dfrac{h}{L_o} \right)^{-2.87} \left(\dfrac{H_o}{L_o} \right)^{1.27} = 1.042 + 0.0015 \left(\dfrac{7}{156} \right)^{-2.87} \left(\dfrac{5}{156} \right)^{1.27} = 1.182$

$\therefore \ H = H_0 \times K_s \times K_r = 5 \times 1.182 \times 0.793 = 4.68$m

유한진폭의 효과에 의해 약 55cm의 파고가 증대함을 알 수 있다.

예제 3.8

평형 등심선을 가지는 해저경사 1/30의 해안에 직각방향으로 심해파 주기 8초, 파고 2m의 파가 입사하고 있다. 수심 4m 지점에서 파장, 파고, 파속과 파향 30°로 고려할 때 굴절계수와 파향과 파고를 구하여라.

풀이 심해파 파형경사 $L_o = 1.56\,T^2 = 1.56 \times 8 \times 8 = 99.8\text{m}$, $\dfrac{H_o}{L_o} = \dfrac{2}{99.8} = 0.020$

수심 4m 지점에서 파장 L, 파수 k, 파속 C를 구하여라.

$$\frac{h}{L_o} = \frac{4}{99.8} = 0.04, \quad \frac{L}{L_o} = \frac{C}{C_o} = 0.48$$

$$L = 0.48 \times 99.8 = 47.9\text{m}, \quad k = \frac{2\pi}{L} = 0.131\text{m}, \quad C = 0.48 \times (1.56 \times 8) = 6.00\text{m/s}$$

파고 H는?

$K_s = 1.16$

심해에서 파향이 30°일 때에 파향 및 굴절계수 K_r은?

$$\frac{C_o}{\sin\theta_o} = \frac{C}{\sin\theta}, \quad \sin\theta = \sin\theta_o \frac{C}{C_o}$$

$$\theta = \sin^{-1}\left[\sin\theta_o\left(\frac{C}{C_o}\right)\right] = \sin^{-1}[\sin 30 \times 0.48] = 14.4°$$

따라서 $\theta = 14.4°$, $K_r = \sqrt{\dfrac{\cos\theta_o}{\cos\theta}} = \sqrt{\dfrac{\cos 30}{\cos 14.4}} = 0.945$,

$$H = H_o \times K_r \times K_s = 2 \times 0.945 \times 1.16 = 2.19\text{m}$$

3.3 파의 회절변형

3.3.1 회절현상

파가 진행하면서 방파제와 같은 장애물을 만나는 경우에, 파는 그 배후로 돌아서 들어간다. 이와 같은 현상을 파의 회절(wave diffraction)이라고 한다. 수심이 일정하고 미소진폭파 이론을 적용할 수 있다고 가정하면 회절파의 파고분포를 이론적으로 구할 수 있다. 파의 진행 방향을 x축으로 하고, 그것과 직교하는 방향을 y축으로 하고, 정수면의 원점에서 연직 상향으로 z축을 잡는다. 압축되지 않는 유체의 소용돌이 없는 운동에 대해서는 속도포텐셜 ϕ가 존재하고, 연속방정식은 다음과 같이 된다.

$$\frac{\partial^2 \phi}{\partial x^2} + \frac{\partial^2 \phi}{\partial y^2} + \frac{\partial^2 \phi}{\partial z^2} = 0 \tag{3.3.1}$$

여기서, 저면의 경계조건 $\left(\dfrac{\partial \phi}{\partial z}\right)_{z=-h} = 0$을 고려하여, $\phi(x,\ y,\ z)$는 다음과 같이 가정한다.

$$\phi(x,\ y,\ z) = AF(x,\ y)\cosh k(h+z)e^{i\sigma t} \tag{3.3.2}$$

여기서, A는 진폭에 비례하는 정수, F는 x, y의 복소수의 함수, $i\,(=\sqrt{-1}\,)$는 허수단위이다. 식 (3.3.2)를 식 (3.3.1)에 대입하여 정리하면, 다음과 같이 된다.

$$\begin{aligned}\frac{\partial^2}{\partial x^2}(AF(x,\ y)\cosh k(h+z)e^{i\sigma t}) &+ \frac{\partial^2}{\partial y^2}(AF(x,\ y)\cosh k(h+z)e^{i\sigma t}) \\ &+ \frac{\partial^2}{\partial z^2}(AF(x,\ y)\cosh k(h+z)e^{i\sigma t}) = 0\end{aligned} \tag{3.3.3}$$

이것은 Helmholtz의 방정식이다. 이것을 정리하면

$$\frac{\partial^2}{\partial x^2}F(x,\ y) + \frac{\partial^2}{\partial y^2}F(x,\ y) + k^2 F(x,\ y) = 0 \tag{3.3.4}$$

가 된다. 이 ϕ에 대한 수면 변동량을 $\eta(x,\ y,\ t)$로 하면,

$$\eta = -\frac{1}{g}\left(\frac{\partial \phi}{\partial t}\right)_{z=0} = -\frac{Ai\sigma}{g}F(x,\ y)\cosh kh\,e^{i\sigma t} \tag{3.3.5}$$

가 된다. 여기서 무한히 긴 파봉을 가지고, y축에 따라서 진행하는 입사파에 대하여, $F(x,\ y)=e^{-iky}$로 놓으면, 입사파의 수면파형 η_I는 식 (3.3.6)으로 된다.

$$\eta_I = -\frac{Ai\sigma}{g}\cosh kh\, e^{i(\sigma t - ky)} \tag{3.3.6}$$

이것에서 식 (3.3.7)을 얻는다.

$$\frac{\eta}{\eta_I} = e^{iky} F(x,\ y) \tag{3.3.7}$$

그러므로 입사파의 파고를 H_I로 하고, 회절파의 파고 H와의 비로 하면 식 (3.3.8)이 된다.

$$\frac{H}{H_I} = \left|\frac{\eta}{\eta_I}\right| = |F(x,\ y)| = K_d \tag{3.3.8}$$

입사파와 위상차는 식 (3.3.9)로 주어진다.

$$\arg\left(\frac{\eta}{\eta_I}\right) = ky + \arg\{F(x,\ y)\} \tag{3.3.9}$$

따라서 회절계수는 복소수함수 $F(x, y)$의 절댓값과 같고, 위상각의 차는 $\arg\{F(x,\ y)\}$와 ky와의 합으로 된다. 회절계수의 성질은 복소수 함수 $F(x, y)$에 의해 결정되기 때문에, $F(x, y)$를 풀면 된다.

3.3.2 회절에 의한 파고 변화

미소진폭 규칙파의 회절의 기초방정식은, 수학적으로는 Helmholtz 방정식으로 불리는 입사파의 경계조건과 완전반사의 방파제라면 법선 방향의 미분계수가 0이 된다고 하는 경계조건에 의해 해가 결정된다. 반무한 방파제나 직선 방파제 개구부와 같은 단순한 경계에 대해서는 해석해가 구해져 있다.

그림 3.3.1은 이들의 결과를 근거로 하여 계산된 규칙파의 반무한 방파제의 회절계수를 입사하는 파의 각도 α가 30°, 90°, 150°일 때의 회절계수를 나타낸 것이다. 이들의 두 도면으로부터

알 수 있듯이 입사각에 관계없이 반무한제 끝부분에서의 회절계수는 대개 0.5~0.6이 된다. 또한 그림 3.3.2~3.3.3에는 도시하지 않은 파의 입사각이 45~135°의 경우에는 근사적으로 90° 경우의 그림을 입사방향에 맞추어서 회전시켜 읽으면 된다.

2개의 방파제로 구성되어 있는 방파제 개구부로부터 파가 입사하는 경우는 개구폭 B와 파장 L과의 비가 5배 이상으로 되면 양쪽의 방파제는 서로 영향을 주지 않으며, 양쪽 방파제의 차폐 영역 부분의 회절계수는 반무한 방파제의 경우와 큰 차가 없게 된다. 개구폭과 파장의 비가 $1 < B/L < 5$인 경우 양쪽의 방파제는 서로 영향을 받지만, 반무한제의 회절계수의 선형중첩 으로 표현할 수 있다. 게다가 개구폭이 작고 $B/L < 1$의 경우는 다음과 같이 회절계수 K_d가 근사된다.

$$K_d = \frac{\pi}{2\sqrt{kB\left\{\left(\ln\frac{kB}{8} + \gamma\right)^2 + \frac{\pi^2}{4}\right\}}}\sqrt{\frac{B}{\pi r}} \tag{3.3.10}$$

여기서, r은 개구폭 중심으로부터의 거리, k는 파수, γ는 오일러의 상수이며 0.5772이다.

그림 3.3.4~3.3.9는 일직선상으로 건설된 양쪽 방파제의 개구폭을 가진 규칙파의 회절계수로 서 B/L의 비가 0.5에서 5.0까지일 때를 나타낸 것이다. 각 그림에서 입사파의 주 방향은 방파제 에 직각이다. 또한 그림 3.3.2~3.3.9의 회절계수는 좌표축을 파장 L로 무차원되어 있는 것에 유의해주었으면 한다.

그림 3.3.10은 반무한 길이의 직선 형상의 방파제에 의한 불규칙파에 의한 회절계수, 그림 3.3.11~3.3.14는 일직선상으로 늘어선 2개의 방파제의 개구부에서의 불규칙파에 의한 회절계 수이며, 개구폭이 유의파 주기에 대응하는 파장의 1, 2, 4 및 8배인 경우이다. 각 그림에서 파의 주방향은 방파제에 직각으로 입사하는 경우이다. 또한 방파제 개구부에 대한 그림 3.3.11~ 3.3.14의 불규칙파의 회절계수는 좌표축을 파장 L이 아니라, 개구폭 B로 나눈 무차원화되어 있는 것에 유의해야 한다.

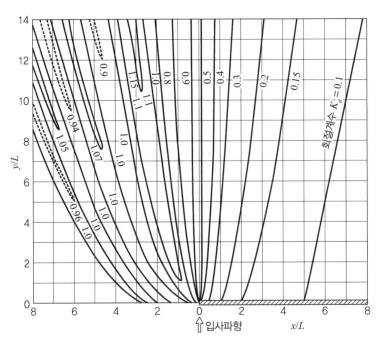

그림 3.3.1 반무한 방파제에 의한 규칙파 회절도($\theta = 90°$)

예제 3.9

개구폭 10m의 방파제에 심해파 파고 2.0m, 심해파 주기 6sec의 파가 진입한다. 개구폭의 중점에서 50m 떨어진 항내 지점에서 입사파고는 어느 정도인가?

풀이 $B/L_o = 10/56.1 = 0.17 < 1$

$$L_o = 1.56 \times T^2 = 56.1\text{m}, \quad k = \frac{2\pi}{L_o} = 0.112$$

$$K_d = \frac{\pi}{2\sqrt{kB\left\{\left(\ln\frac{kB}{8} + 0.5772\right)^2 + \frac{\pi^2}{4}\right\}}}\sqrt{\frac{B}{\pi r}}$$

$$= \frac{3.141592}{2\sqrt{0.112 \times 10\left\{\left(\ln\frac{0.112 \times 10}{8} + 0.5772\right)^2 + \frac{3.141592^2}{4}\right\}}}\sqrt{\frac{10}{3.141592 \times 50}}$$

$$= 0.179$$

$$H = K_d H_I = 2.0 \times 0.179 = 0.357\text{m}$$

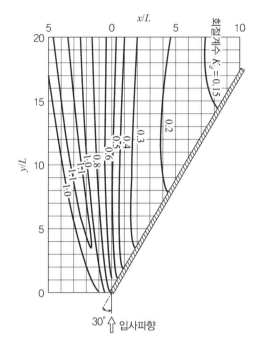

그림 3.3.2 반무한 방파제에 의한 규칙파 회절도
($\theta = 30°$)

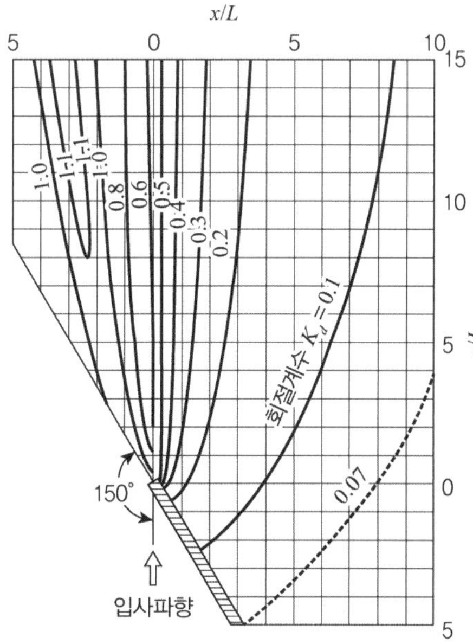

그림 3.3.3 반무한 방파제에 의한 규칙파 회절도
($\theta = 150°$)

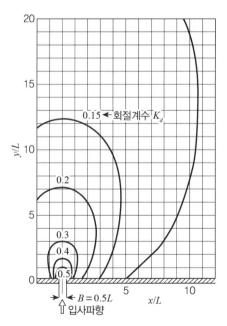

그림 3.3.4 방파제 개구부로부터의
회절도($B/L = 0.5$)

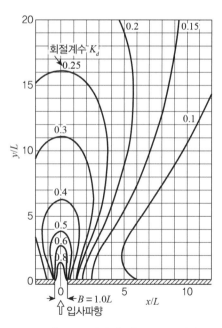

그림 3.3.5 방파제 개구부로부터의
회절도($B/L = 1.0$)

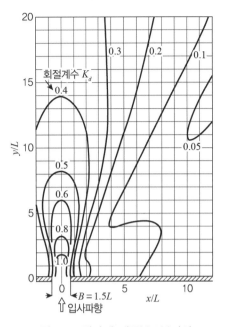

그림 3.3.6 방파제 개구부로부터의
회절도($B/L = 1.5$)

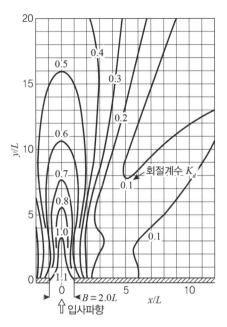

그림 3.3.7 방파제 개구부로부터의
회절도($B/L = 2.0$)

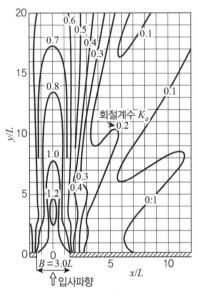

그림 3.3.8 방파제 개구부로부터의
회절도($B/L = 3.0$)

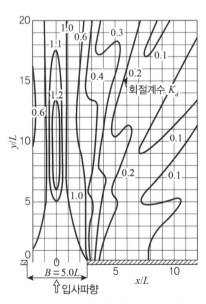

그림 3.3.9 방파제 개구부로부터의
회절도($B/L = 5.0$)

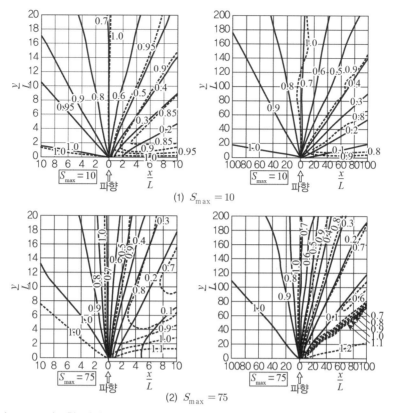

(1) $S_{\max} = 10$

(2) $S_{\max} = 75$

그림 3.3.10 반무한 길이의 방파제에 의한 불규칙파의 회절도(실선 : 파고비, 점선 : 주기비)

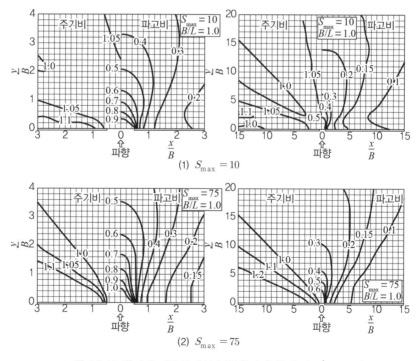

(1) $S_{\max} = 10$

(2) $S_{\max} = 75$

그림 3.3.11 방파제 개구부에서 불규칙파의 회절도($B/L = 1.0$)

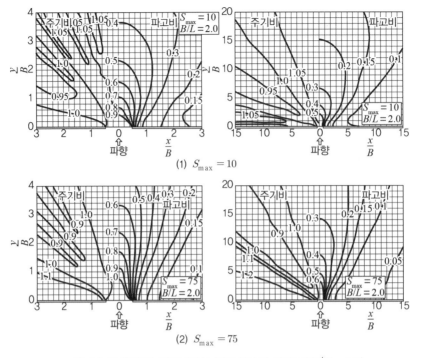

(1) $S_{\max} = 10$

(2) $S_{\max} = 75$

그림 3.3.12 방파제 개구부에서 불규칙파의 회절도($B/L = 2.0$)

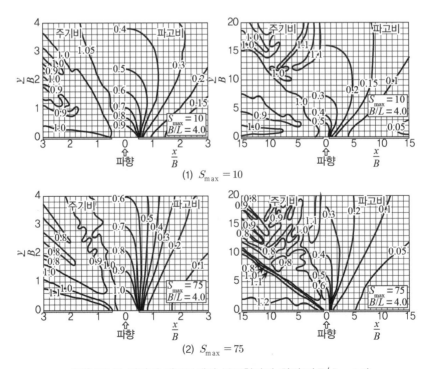

(1) $S_{\max} = 10$

(2) $S_{\max} = 75$

그림 3.3.13 방파제 개구부에서 불규칙파의 회절도($B/L = 4.0$)

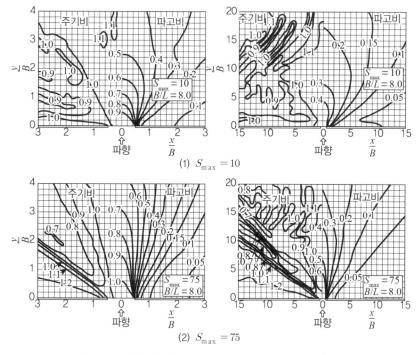

(1) $S_{max} = 10$

(2) $S_{max} = 75$

그림 3.3.14 방파제 개구부에서 불규칙파의 회절도($B/L = 8.0$)

예제 3.11

그림과 같은 항만에서 주기는 10초, 입사파고는 5m이다. 항 입구에서의 수심은
12m, 조위는 1m로 한다. 잔교에서는 파고를 구하여라.

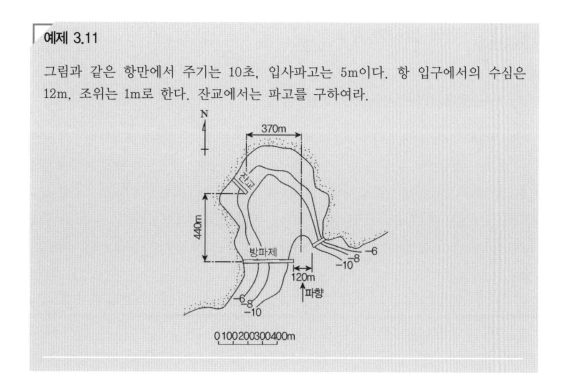

풀이 $L = 1.56\,T^2 \tanh kh = 1.56 \times 10^2 \tanh(2 \times 3.1415 \times 12/L)$

$\therefore L = 99.67\text{m}$ 입사파를 규칙파로 가정할 경우

$B/L = 120/99.67 = 1.2, \ x/L = 370/99.67 = 3.71, \ y/L = 440/99.67 = 4.41$

그림 3.3.5와 그림 3.3.6으로부터 회절계수를 읽으면,

$B/L = 1.0$, 파고비 $= 0.18$; $B/L = 1.5$, 파고비 $= 0.12$

내삽에 의해 $B/L = 1.2, K_d = 0.156$

그러므로 잔교에서의 파고는 $\therefore H = 0.156 \times 5.0 = 0.78\text{m}$ 이다.

입사파를 불규칙파로 가정할 경우[풍파로 가정할 경우($S_{max} = 10$)]

$B/L = 120/99.67 = 1.2, \ x/B = 370/120 = 3.08, \ y/B = 440/120 = 3.67$

그림 3.3.11과 그림 3.3.12로부터 회절계수를 읽으면,

$B/L = 1.0$, 파고비 $= 0.23$; $B/L = 2.0$, 파고비 $= 0.21$

내삽에 의해 $B/L = 1.2, K_d = 0.226$

그러므로 잔교에서의 파고는 $\therefore H = 0.226 \times 5.0 = 1.13\text{m}$ 이다.

3.4 파의 반사와 투과

3.4.1 구조물에서의 반사율과 투과율

해빈지형이 급변하는 장소나 구조물을 향하여 파가 진행하면 입사파의 에너지 일부가 반사되어 먼 바다 방향으로, 또는 일부는 투과 에너지로 되어 그대로 진행한다. 또 파가 구조물에 충돌하면 쇄파나 마찰 등에 의해 에너지가 소산된다. 그림 3.4.1과 같이 일정 수심 h의 해빈 위에 놓인 투과성 구조물에 파가 입사하는 경우를 생각해보자. 구조물로부터의 반사파와 투과 파의 주기가 입사파와 같다고 하면, 수송 에너지의 보존법칙으로부터 다음의 식을 얻을 수 있다.

$$(C_g)_I = (EC_g)_R + (EC_g)_T + W_{loss} \tag{3.4.1}$$

여기서, $E(= \rho g H^2/8)$는 파의 에너지이며, C_g는 군속도, W_{loss}는 구조물에서의 단위시간당 에너지의 손실량, 첨자 I, R, T는 각각 입사파, 반사파, 및 투과파에 관한 양을 의미한다.

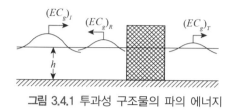

그림 3.4.1 투과성 구조물의 파의 에너지

입사파, 반사파, 투과파의 군속도 C_g는 같기 때문에 식 (3.4.1)은

$$H_I^2 = H_R^2 + H_T^2 \left(\frac{W_{loss}}{\rho g C_g \frac{1}{8}} \right) \tag{3.4.2}$$

로 고쳐 쓸 수 있다. 식 (3.4.2)를 입사파고로 나누어 주면 다음 식이 유도된다.

$$1 = \left(\frac{H_R}{H_I} \right) + \left(\frac{H_T}{H_I} \right) + \left(\frac{w_{loss}}{\rho g C_g \frac{1}{8} H_I^2} \right) = K_R^2 + K_T^2 + K_{loss} \tag{3.4.3}$$

여기서, $K_R^2 (= H_R/H_I)$은 반사율이며, $K_T (= H_T/H_I)$는 투과율, K_{loss}는 에너지 손실율이다. 쇄파, 점성, 마찰 등에 의한 에너지 손실이 무시할 수 있을 정도로 적다고 가정하면

$$K_R^2 + K_T^2 = 1 \tag{3.4.4}$$

를 얻는다. 직립식의 투과 방파제에 파가 쇄파하지 않고 입사하는 경우는 $K_T = K_{loss} = 0$이기 때문에, 식 (3.4.4)에서 $K_R = 1$(완전반사)로 되며, 방파제 저면에서 완전 중복파가 형성된다.

3.4.2 사면에서의 반사율

해안에 파가 입사하면, 쇄파와 해빈에서의 마찰이나 침투에 의해 입사파는 에너지를 상당한 부분을 잃어버리지만, 잔존한 에너지는 해안으로부터 반사된다. 이와 같이 사면에서의 반사율 K_r이 사면의 조도나 침투성에 관한 성분 χ_1과 사면의 경사에만 관계하는 성분 χ_2로 이루어진 다고 하여 Miche(1951)는 다음 식을 제안했다.

$$K_R = \chi_1 \chi_2 \tag{3.4.5}$$

식 (3.4.5)에서의 χ_1의 값은 모형실험의 결과로부터 표 3.4.1로 주어진다.

표 3.4.1 실험에서 얻은 χ_1값

구분	χ_1
불투과 활면	1.0
불투과 조면	0.7~0.9
모래해빈	0.8
사석사면	0.3~0.6

Miche는 사면 위의 중복파 선단의 수면 경사가 사면 경사 $\tan\beta$보다 급한 경사가 없다는 쇄파조건으로부터 한계 파형경사$(H_o/L_o)_{crit}$을 구하는 식 (3.4.6)을 얻었다(그림 3.4.2).

$$\left(\frac{H_o}{L_o}\right)_{crit} = \sqrt{\frac{2\beta}{\pi}}\frac{\sin^2\beta}{\pi} \text{ or } \left(\frac{H_o}{L_o}\right)_{crit} = \sqrt{\frac{\theta}{90}}\frac{\sin^2\theta}{\pi} \tag{3.4.6}$$

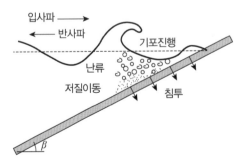

그림 3.4.2 사면에서의 파의 반사

식 (3.4.6)에서 β는 수평면과 이루는 각도(radian)이며, θ는 수평면과 이루는 각도(degree)이다. 입사파의 파형경사 (H_o/L_o)가 식 (3.4.6)으로부터 계산되는 $(H_o/L_o)_{crit}$보다 큰 경우에는 사면 위에서의 쇄파에 의해 에너지가 손실되며, 또 $(H_o/L_o)_{crit}$보다 작은 경우에는 완전 반사한다고 하여 χ_2는 다음 계산식을 얻는다.

$$\chi_2 = \begin{cases} \dfrac{(H_o/L_o)_{crit}}{(H_o/L_o)} & : \quad \dfrac{H_o}{L_o} > \left(\dfrac{H_o}{L_o}\right)_{crit} \\[4mm] 1 & : \quad \dfrac{H_o}{L_o} \leq \left(\dfrac{H_o}{L_o}\right)_{crit} \end{cases} \tag{3.4.7}$$

또한 Battijes는 사면에서의 반사에 대한 실험 결과로부터 다음의 관계를 얻었다.

$$K_R = 0.1 \times \xi^2 \tag{3.4.8}$$

여기서, $\xi = \tan\beta / \sqrt{H/L_o}$ 이고, $\tan\beta$는 사면 경사이며 H 및 L_o는 사면 끝에서의 파고 및 파장이다.

구조물의 반사율은 구조물의 형상, 조도, 공극률, 파의 특성에 의해 변하기 때문에 정확한 값을 구하기 위해서는 모형실험을 해야 한다. 지금까지의 연구결과에 의하면 반사율의 대략적인 값은 표 3.4.2의 정도라고 간주된다. 반사율을 어떤 범위로 나타낸 것은 주어진 조건에 따라 변화하기 때문이며, 경사제 또는 천연 해빈의 경우에는 파형경사에 거의 반비례하고, 장주기 너울의 경우가 상한값에 대응한다.

표 3.4.2 반사율의 개략적인 값(일본토목학회 수리공식집, 1999)

구조 양식	K_R
직립벽(천단은 정수면 위)	0.7~1.0
직립벽(천단은 정수면 아래)	0.5~0.7
사석 사면(1 : 2.0~1 : 3.0 경사)	0.3~0.6
이형 소파블록 사면	0.3~0.5
직립 소파구조물	0.3~0.8
천연 해빈	0.05~0.2

예제 3.13

해저경사 1/25, $T = 8\text{sec}$, $H_o = 3.5\text{m}$, 파가 입사할 때 모래해빈의 반사율을 추정하여라.

─────────

풀이 입사파의 심해파 파형경사 : $\dfrac{H_o}{L_o} = \dfrac{3.5}{(1.56 \times 8^2)} = 0.0351 = 3.51 \times 10^{-2}$

$\theta = \tan^{-1}\left(\dfrac{1}{25}\right) = 2.2906°$

한계파형경사로서

(1) $\left(\dfrac{H_o}{L_o}\right)_{crit} = \sqrt{\dfrac{2 \times 0.04}{\pi} \times \dfrac{\left(\dfrac{1}{25.01992}\right)^2}{\pi}} = 8.12 \times 10^{-5}$

(2) $\left(\dfrac{H_o}{L_o}\right)_{crit} = \sqrt{\dfrac{2.2906°}{90°} \times \dfrac{(\sin 2.2906°)^2}{\pi}} = 8.12 \times 10^{-5}$

$\dfrac{H_o}{L_o} > \left(\dfrac{H_o}{L_o}\right)_{crit}$ 이므로, $\gamma_2 = \dfrac{8.12 \times 10^{-5}}{3.5 \times 10^{-2}} = 2.32 \times 10^{-3}$

모래해빈이므로 $\gamma_1 = 0.8$로 하면,

반사율 : $K_R = 0.8 \times 0.00232 = 0.0019 \times 100 = 0.19\% \fallingdotseq 0.2\%$(약 0.2%)

3.5 파의 쇄파변형

황천 시에 풍파의 파두가 부서져서 흰 거품이 일어나며, 파가 해안에 가까이 오면 파고가 급격하게 커져 쇄파하며 소멸한다. 쇄파는 파고가 커짐에 따라 파형변화가 진행되며, 파면의 붕괴에 의해 파에너지의 상당 부분이 소산되는 매우 격심한 현상이다. 파고의 증대에 의해 파봉 부근 근방 물 입자의 최대 속도가 빨라지면 파봉부의 물 입자는 파면의 앞쪽으로 뛰어 나오게 된다. 이것이 통상 진행파의 쇄파조건이다. 파가 부서지는 지점을 쇄파점, 부서진 파가 단파 모양으로 진행하는 정선까지의 영역을 쇄파대라고 한다.

3.5.1 쇄파 형식

파가 심해역에서 천해역으로 입사하면 파는 해저지형의 영향을 받는다. 게다가 해안에 가까이 다가옴에 따라 수심이 얕아지면 천수변형 등에 의해 파고가 증대하고 파장이 감소한다. 또 파봉이 뾰족해지고, 파곡은 둥그스름하게 되어 파형의 안정성을 잃어버려 결국에는 부서진다. 쇄파 형식에는 그림 3.5.1에 나타내듯이 붕괴파 쇄파(spilling breaker), 권파 쇄파(plunging breaker), 쇄기파 쇄파(surging breaker)의 3가지 형식으로 분류되지만, 권기파 쇄파(collapsing breaker)를 포함하여 4개의 형식으로 분류하는 경우도 있다.

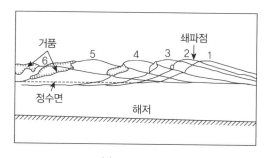

(a) 붕괴파 쇄파

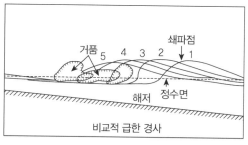

(b) 권파 쇄파

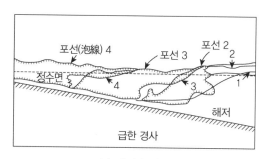

(c) 쇄기파 쇄파

그림 3.5.1 쇄파의 형식

(a) 붕괴파 쇄파는 심해파적인 파에 많고, 파봉의 전후 파형은 거의 대칭으로 파봉이 뾰족하여 흰 거품을 일으키고, 그것이 차례로 파의 전면으로 향하여 퍼지도록 붕괴되며, 파가 붕괴되면서 상당한 거리를 진행한다[그림 3.5.1(a)].

(b) 권파 쇄파는 수심이 비교적 얕고 해저경사가 급한 곳에서 쇄파할 때에 볼 수 있고, 파봉의 전면이 깎아지른 듯이 솟아 있고, 파정부가 전면으로 뛰어 나오며, 공기를 포함하도록

수면으로 돌입하는 형식이다[그림 3.5.1(b)].

(c) 쇄기파 쇄파는 파형경사가 매우 작은 파가 급경사의 해빈에 부서지는 경우에 발생하며, 파의 전면이 깎아지듯이 솟아 있으며, 아래쪽으로부터 부서지기 시작하여 파의 전면 대부분이 매우 뒤섞인 상태로 사면으로 올라온다[그림 3.5.1(c)].

쇄파 형식은 주로 심해파의 파형경사 H_o/L_o와 해저경사 $\tan\beta$에 의해 지배되며, 이들의 2개의 변수를 이용하여 식 (3.4.1)에 나타내는 쇄파상사파라메타(surf similarity parameter)에 의해 분류된다.

$$\epsilon_0 = \frac{\tan\beta}{\sqrt{H_o/L_o}} \ \ \text{또는} \ \ \epsilon_b = \frac{\tan\beta}{\sqrt{H_b/L_o}} \tag{3.5.1}$$

여기서, H_b는 쇄파파고이다.

어떤 형식의 쇄파를 취하는가는 심해파로서의 파형경사 및 해저경사에 의해 정해지는 것이 실험적으로 확인되고 있다. 각각의 쇄파 형식의 한계는 그림 3.5.2와 표 3.5.1에 나타낸다.

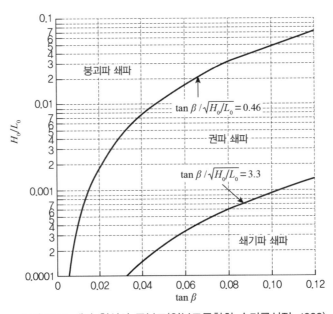

그림 3.5.2 쇄파 형식의 구분도(일본토목학회 수리공식집, 1999)

표 3.5.1 쇄파 형식의 분류

쇄기파 쇄파	권파 쇄파	붕괴파 쇄파
$\epsilon_0 > 3.3$	$3.3 > \epsilon_0 > 0.46$	$0.46 > \epsilon_0$
$\epsilon_b > 2.0$	$2.0 > \epsilon_b > 0.4$	$0.4 > \epsilon_b$
완경사	비교적 완경사	급경사

3.5.2 규칙파의 쇄파파고와 쇄파수심

쇄파는 이론적인 취급이 곤란하기 때문에 실험에 의한 검토가 행해지고 있다. 규칙파의 시험을 근거로 제안된 쇄파지표가 넓게 이용되고 있다. 그림 3.5.3은 쇄파파고와 쇄파수심의 비 H_b/h_b와 쇄파수심과 심해파장의 비 h_b/L_o의 관계를 나타낸 것이다. 쇄파수심 h_b와 쇄파파고 H_b의 관계는 다음과 같이 정식화되어 있다(Goda, 2007).

$$\frac{H_b}{L_o} = 0.17\left[1 - \exp\left\{-1.5\left(\frac{\pi h_b}{L_o}\right)(1 + 11(\tan\beta)^{4/3})\right\}\right] \tag{3.5.2}$$

그림 3.5.4는 그림 3.5.3을 근거로 하여 유도된 h_b/H_o'과 H_o'/L_o의 관계를 나타낸 것이고, 그림 3.5.5는 H_b/H_o'과 H_o'/L_o의 관계를 나타낸 것이다. 그림 3.5.6은 쇄파가 일어 날 때 수심에서부터 파봉까지의 높이인 쇄파 파봉고 Y_b을 나타낸 것이다. 그림 3.5.4와 그림 3.5.5에서 사용되는 H_o'은 H_o대신에 사용되는 것으로 굴절, 회절, 마찰의 영향을 고려한 다음 식으로 정의 되는 환산심해파 파고(equivalent deepwater wave height) H_o'이다.

$$H_o' = K_r K_d K_f H_o \tag{3.5.3}$$

여기서, K_r는 파의 굴절계수, K_d는 파의 회절계수, K_f는 해저마찰계수이다. 또 H_o'은 가상적인 파고이고, 파고 H_o의 심해파가 천해역에서 굴절, 회절, 마찰의 영향을 받아서 어떤 지점에 진행했을 때의 파고 H를 식 (3.5.4)의 천수변형만으로 계산할 수 있도록 한 심해파 파고에 상당한다. 외견상으로 천수계수만으로 계산할 수 있다.

$$H = K_s H_o{}'$$

(3.5.4)

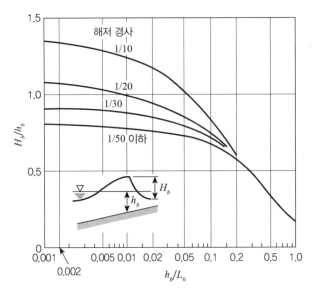

그림 3.5.3 쇄파한계 파고

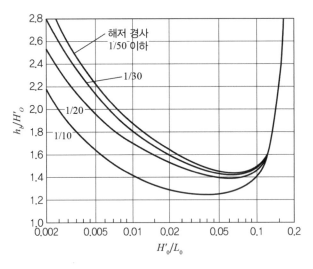

그림 3.5.4 쇄파수심

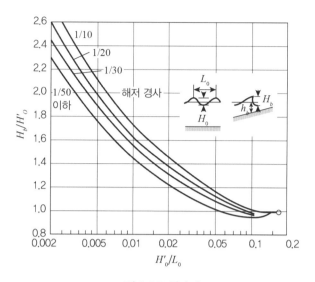

그림 3.5.5 쇄파파고

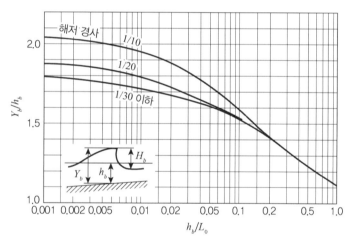

그림 3.5.6 쇄파 파봉고

3.5.3 불규칙파의 쇄파파고와 쇄파수심

불규칙파의 쇄파는 규칙파와 상당히 다른 특성을 가진다. 이것에 대해서는 수많은 실험적인 검토가 행해져 왔다. 2차원 수조에서 발생시킨 불규칙파를 이용하여 제로다운크로스법(zero down cross method)으로 정의된 불규칙파의 쇄파 특성에 관한 실험적인 검토가 행해졌고, 식 (3.5.2)와 똑같은 형식으로 다음 식이 제안되고 있다.

$$\frac{H_b}{h_b} = 0.16\left[1 - \exp\left\{-0.8\left(\frac{\pi h_b}{L_o}\right)(1 + 15(\tan\beta)^{4/3})\right\}\right]\left\{\frac{L_o}{h_b}\right\}$$
$$\qquad\qquad\qquad\qquad\qquad\qquad\qquad\qquad\qquad\qquad\qquad\qquad\text{(3.5.5a)}$$
$$-0.96\tan\beta + 0.2, \quad \tan\beta \geq \frac{1}{50}$$

$$\frac{H_b}{h_b} = -0.062\log\left(\frac{h_b}{L_o}\right) + 0.46, \quad \tan\beta < \frac{1}{50} \qquad\qquad\qquad \text{(3.5.5b)}$$

이 식에서 h_b는 쇄파점에서 제로다운크로스 파곡과 파봉의 중간점에서 해저까지의 거리로 정의하고 있다. 그림 3.5.7은 H_b/h_b와 h_b/L_o의 평균적인 관계를 도시한 것이다. 1/50보다 완만한 경우 사면 경사의 영향은 거의 무시할 수 있다. 그림 3.5.3의 규칙파의 H_b/h_b에 비해서 불규칙파 실험식의 H_b/h_b 값은 같은 h_b/L_o 값에 비해서 약 30~40% 작다. 이것은 주기가 같은 경우 규칙파와 같은 파고의 불규칙파 쇄파수심은 다소 커진다. 혹은 같은 쇄파수심에 대한 쇄파파고는 불규칙파의 쪽이 작은 것에 대응하고 있다. 불규칙파의 실험에서도 측정값은 편차를 나타내고 있다. H_b/h_b의 실험값 편차의 표준편차는 H_b/h_b의 평균값의 10% 정도이다.

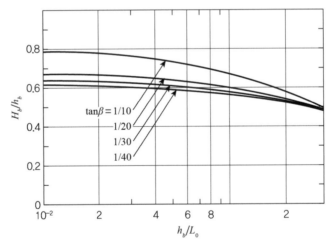

그림 3.5.7 불규칙파에 대한 쇄파 한계파고

3.5.4 쇄파 후 파고의 변화

쇄파 후의 파는 해안으로 향하여 에너지를 잃으면서 진행한다. 그러나 진행 방향으로 수심이 증가하는 진행에서는 파가 재생하여 전파하는 경우도 있기 때문에 쇄파 후 파의 특성을 알아두는 것이 중요하다.

쇄파하면 파봉에서 물이 앞쪽으로 뛰어 나가 파 전면의 사면에 뛰어 들어간다. 일부는 수중에 뛰어 들어가고, 일부는 다시 수면에서 앞쪽으로 뛰어 나간다. 이 과정에서 공기도 포함된 큰 난류가 생성된다. 쇄파 초기의 과정을 거친 후 비교적 안정한 단파 형상을 가진 파가 나타나 파고를 감소시키면서 진행한다. 규칙파에서 쇄파 후 파고 변화는 주로 실험적인 검토가 행해졌고, 쇄파 후의 파고 변화는 쇄파수심 h_b, 쇄파파고 H_b, 파의 주기 T와 해저경사 $\tan\beta$의 함수로서 다음과 같은 모델이 제안되어 있다.

$$\left(\frac{H}{H_b}\right)^4 = \left(1 - \frac{4}{9}K\right)\left(\frac{h}{h_b}\right) + \frac{4}{9}K\left(\frac{h}{h_b}\right)^{-7/2} \tag{3.5.6}$$

여기서, $K = 4\gamma(h_b/g)^{1/2}/T\tan\beta$, $\gamma = 0.7 + 5\tan\beta$이다. 즉, 쇄파 후 파고 H의 변화는 다음과 같다. 쇄파 후의 파고는 수심에 비례한다고 가정한 것이다.

$$H = (0.78 - 0.88)h \tag{3.5.7}$$

식 (3.5.6)과 식 (3.5.7)은 해저면의 기복에 의해 파의 진행 방향으로 수심 h가 증가하는 경우, 쇄파 후에도 파고 H가 증가하는 바람직하지 않은 경우가 나타난다. 이 때문에 이들 식의 적용은 일정한 경사 사면에 한정된다.

예제 3.14

$T = 4\text{sec}$, $h = 20\text{m}$, $\tan\beta = 1/30$일 때 쇄파지표를 구하고, 어떤 형태의 쇄파인지를 구하여라.

$L_o = 1.56\,T^2 = 1.56 \times 4^2 = 25\mathrm{m}$

$\dfrac{L}{L_o} = \tanh\dfrac{2\pi h}{L}$ 에서 $L = 25\tanh\dfrac{2\pi 2}{L}$

$\therefore L = 16.25\mathrm{m}$

$H_b = 0.142 \times 16.25 \times \tanh(2\pi 2/16.25) = 1.65\mathrm{m}$ (Miche의 공식)

$H_b = 0.17 \times 25\left\{1 - \exp\left\{-1.5 \times \dfrac{2\pi}{25}\left(1 + 15 \times (0.033)^{\frac{4}{3}}\right)\right\}\right\} = 1.50\mathrm{m}$

$\therefore \epsilon_b = \dfrac{\tan\beta}{\sqrt{H_b/L_o}} = \dfrac{0.033}{\sqrt{1.50/25}} = 0.134$

$\therefore$ 붕괴파 쇄파

예제 3.15

해저경사가 $\tan\beta = 1/20 = 0.05$의 일정한 경사해안에 파고 $H_o = 2.0\mathrm{m}$, 주기 $T = 8.0s$가 입사할 때 쇄파 형식과 쇄파수심과 쇄파파고를 구하여라.

$L_o = 99.84\mathrm{m}$, $H_o/L_o = 2.0/99.84 = 0.02$

$\epsilon_0 = \dfrac{\tan\beta}{\sqrt{H_o/L_o}} = \dfrac{0.05}{\sqrt{2.0/99.84}} = 0.353 \Rightarrow \therefore$ 붕괴파 쇄파

그림에서 구하면 $H_b = 1.37 \times 2.0 = 2.74\mathrm{m}$, $h_b = 1.54 \times 2.0 = 3.08\mathrm{m}$ 이다.

3.6 파의 흐름 변형

큰 하천의 하류에서 하구부에 걸쳐 큰 항만을 가지고 있는 국가는 많다. 여기에는 흐름과 파가 공존하기 때문에 복잡한 수리 현상이 발생한다. 그 하나는 흐름에 의한 파의 변형이다. 그림 3.6.1에서와 같이 심해(C_o, L_o, H_o)로부터 하구역으로 소상할 때($U < 0$), 흐름과 파가 공존하기 때문에 복잡한 수리 현상이 발생한다. 이때 파의 속도가 $C + U$, 파장이 L, 파고 H

로 된다고 하자. 주기는 심해역에서나 하구역에서나 변하지 않기 때문에 다음과 같이 된다.

$$L = CT, \quad T = \frac{L_o}{C_o} = \frac{L}{C + U}$$

(3.6.1)

파의 진행 방향에 대해서 같은 방향의 순류($U > 0$)의 경우, 파장은 흐름이 없는 경우($U = 0$)에 비해서 길고, 파의 진행 방향에 대해서 반대 방향의 역류($U < 0$)의 경우, 파장이 짧은 것을 알 수 있다.

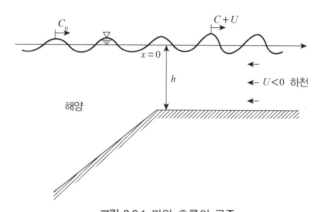

그림 3.6.1 파와 흐름의 공존

파의 에너지 수송량의 보존법칙에 의해 다음 식을 얻을 수 있다.

$$E_o C_{g_0} = E(C_g + U) = const.$$

(3.6.2)

여기서, $C_{g_o} = C_o/2$, $E_0 = \rho g H_o^2/8$, $C_g = nC$, $E = \rho g H^2/8$을 식 (3.6.2)에 대입하면 다음과 같은 식을 얻을 수 있다.

$$\frac{\rho g H_o^2 C_o}{16} = \frac{\rho g H^2}{8}(nC + U)$$

(3.6.3)

파고비로 정리하면 식 (3.6.4)와 같이 된다.

$$\frac{H}{H_o} = \left\{ \frac{C_o}{2(nC+U)} \right\}^{\frac{1}{2}}$$ (3.6.4)

하천 내에서 유속 L/T는 $C+U$와 같기 때문에 식 (3.6.5)가 된다.

$$C^2 = \left(\frac{L}{T} - U \right)^2$$

$$= \frac{gL}{2\pi} \tanh\left(\frac{2\pi h}{L} \right)$$ (3.6.5)

따라서 다음과 같다.

$$\frac{C}{C_o} = \frac{(L/T) - U}{(gT/2\pi)}$$ (3.6.6)

식 (3.6.4)를 다르게 표현하면($1 + \frac{4U}{C_o} > 0$ 진입) 다음 식이 된다.

$$\frac{H}{H_o} = \frac{\sqrt{2}}{\left(1 + \frac{4U}{C_o} \right)^{1/4} \left(1 + \sqrt{1 + \frac{4U}{C_o}} \right)^{1/2}}$$ (3.6.7)

그림 3.6.2는 하구부의 흐름이 파와 반대 방향일 때 식 (3.6.7)의 값을 나타낸 것이다. 그림 3.6.2 속의 $h^* = 4\pi^2 h/gT^2$이며, $U^* = \frac{U}{C_o} = \frac{2\pi U}{gT}$이다.

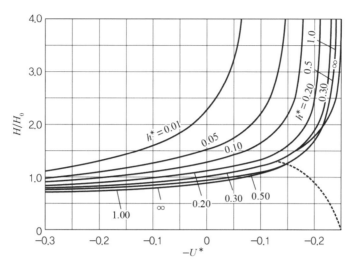

그림 3.6.2 하구부에서 흐름에 의한 파고 변화

예제 3.16

하구역에서의 유속이 0.3m/s($U=-0.3$m/s)이고 내습파의 주기가 4초일 때, 이 파가 하구역으로 진입할 수 있는가? 만약 진입한다면 그 파고는 어느 정도로 변화하는가?(심해파로 취급해도 된다)

풀이 파장 $L_o = 1.56 \times 4 \times 4 = 24.96$m

파속 $C_o = 1.56 \times 4 = 6.24$m/s

$1 + 4U/C_o = 1 + 4 \times (-0.3)/6.24 = 0.808 > 0$

따라서 하구역으로 진입한다.

파고비 $\dfrac{H}{H_o} = \dfrac{\sqrt{2}}{\left(1 + \dfrac{4 \times (-0.3)}{6.24}\right)^{1/4} \left(1 + \sqrt{1 + \dfrac{4 \times (-0.3)}{6.24}}\right)^{1/2}}$

$\qquad\qquad = 1.08$

파고비는 1.08배 크게 된다.

3.7 해저마찰에 의한 파의 감쇄

현실적으로 유체는 점성이 있기 때문에, 저면에 마찰응력(friction stress)이 작용한다. 수심이 얕아지면 저면 마찰응력에 의해 파의 에너지 일부는 열로 변환되며, 따라서 파는 감쇄한다. 해저면에 있어서의 마찰응력 τ_b를 정상류의 경우에 준해서 다음 관계식으로 유도된다.

$$\tau_b = f\rho u_b^2 \tag{3.7.1}$$

여기서, ρ는 해수밀도, u_b는 해저면에서의 물 입자 유속, f는 마찰계수(friction factor)이다. 해저면에서의 물 입자 유속은 포텐셜이론에 의하면 다음 식으로 나타낼 수 있다.

$$u_b = a\sigma\frac{\cosh k(h+y)}{\sinh kh}\cos(kx-\sigma t) = \frac{\pi H}{T}\frac{1}{\sinh kh}\cos(kx-\sigma t) \tag{3.7.2}$$

여기서, $a = H/2$, $\sigma = 2\pi/T$, $y = -h$의 관계를 가진다.

그림 3.7.1에서와 같이 일정 수심 h의 수역의 단면 ①에서 단면 ②까지의 거리 Δx를 전파한다고 하면, 에너지 방정식은 다음과 같다.

$$(\overline{E}Cn)_① - (\overline{E}Cn)_② = D_f\Delta x \tag{3.7.3}$$

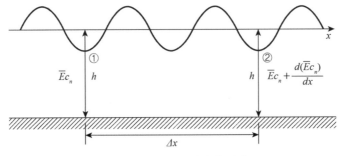

그림 3.7.1 파의 에너지 일산

여기서, D_f는 해저면에서의 에너지 일산량이다. 단위시간, 저면에서 단위 면적당의 에너지 일산량 D_f는 식 (3.7.1)과 식 (3.7.2)를 이용하여 유도하면 다음 식을 얻을 수 있다.

$$D_f = \frac{1}{T}\int_0^T \tau_b u_b dt = \frac{f\rho}{T}\int_0^T u_b^3 dt = \frac{4\pi^2 f\rho}{3}\frac{H^3}{T^3 \sinh^3 kh} \tag{3.7.4}$$

식 (3.7.3)에서 단면 ②의 에너지 일산량 $d(ECn)/dx$는 다음과 같이 된다.

$$\frac{d(ECn)}{dx} = \frac{d}{dx}\left\{\left(\frac{\rho g H^2}{8}\right)\frac{gT}{2\pi}\tanh kh \cdot \frac{1}{2}\left(1 + \frac{2kh}{\sinh 2kh}\right)\right\} \tag{3.7.5}$$

파의 에너지 보존법칙 $d(\overline{E}Cn)/dx = -D_f$이 성립되어야 하기 때문에 식 (3.7.4)와 식 (3.7.5)의 값은 같아야 한다.

$$-\frac{4}{3}\pi^2 \frac{\rho f H^3}{T^3(\sinh kh)^3} = \frac{dH}{dx}\left\{\frac{\rho g H}{8}\frac{gT}{2\pi}\tanh kh \frac{1}{2}\left(1 + \frac{2kh}{\sinh 2kh}\right)\right\} \tag{3.7.6}$$

식 (3.7.6)을 정리하면 다음 식이 유도된다.

$$-\frac{dH}{H^2} = \frac{64}{3g^2}\frac{\rho\pi^3}{T^4(\sinh kh)^3}\left[\tanh kh\left(1 + \frac{2kh}{\sinh 2kh}\right)\right]^{-1} dx \tag{3.7.7}$$

여기서, 천수계수 $K_s = 1/\sqrt{\tanh kh\left(1 + \dfrac{2kh}{\sinh 2kh}\right)}$를 다음과 같이 변형시킨다.

$$K_s^2 = \left[\tanh kh\left(1 + \frac{2kh}{\sinh 2kh}\right)\right]^{-1} \tag{3.7.8}$$

식 (3.7.7)을 (3.7.6)에 대입하여 정리하면 다음 식을 얻을 수 있다.

$$-\frac{dH}{H^2} = \frac{K_s^2 64\pi^3 \rho}{g^2 T^4 3 (\sinh kh)^3} dx \tag{3.7.9}$$

식 (3.7.9)를 적분하면 다음 식이 유도된다.

$$\frac{1}{H} = \frac{K_s^2 248\pi^3 \rho}{3g^2 T^4 \sinh^3 kh} x + C \tag{3.7.10}$$

식 (3.7.10)을 이용하여, 단면 ①에서 $x = 0$, $H = H_1$, $1/H_1 = C$이고, 단면 ②에서는 식 (3.7.10)을 이용하면 $x = \Delta x$, $H = H_2$, $1/H_2 = k\Delta x + 1/H_1$의 관계가 얻어진다. 단면 ②에서의 관계를 다시 정리하면 다음 식이 얻어진다.

$$\frac{H_1}{H_2} = H_1 k\Delta x + 1 \tag{3.7.11}$$

식 (3.7.11)을 (3.7.12)를 이용하여 정리하면 해저마찰에 의한 파고감쇄율 K_f을 구할 수 있다.

$$[H_1 k\Delta x + 1]^{-1} = \frac{H_2}{H_1} = K_f \tag{3.7.12}$$

따라서 해저마찰에 의한 파고감쇄율 K_f는 다음 식 (3.7.13)을 얻을 수 있다.

$$K_f = \frac{H_2}{H_1} = \left[1 + \frac{64}{3}\frac{\pi^3}{g^2}\frac{fH_1\Delta x}{T^4}\frac{K_s^2}{\sinh^3 kh}\right]^{-1} \tag{3.7.13}$$

또는

$$K_f = \frac{H_2}{H_1} = \left[1 + \frac{16\pi}{3} \frac{fH_1 \Delta x}{L_o^2} \frac{K_s^2}{\sinh^3 kh}\right]^{-1} \tag{3.7.14}$$

이다. 위 식에서 H_1은 단면 ①에서의 파고, H_2는 거리 Δx를 전파한 단면 ②에서의 파고, K_s는 천수계수이다. 그림 3.7.2는 K_f의 계산 도표(m·s 단위)이다. 파의 진행에 따라서 수심이 변화하는 경우에는 파의 진행거리를 미소구간 Δx로 분할하고, Δx 구간의 평균수심을 h로 하여 각 구간마다 축차 계산하는 것으로 된다.

식 (3.7.13) 혹은 (3.7.14)를 계산하는 경우 마찰계수 f의 값을 얼마로 하는가가 중요한 문제로 천해역에서의 풍파의 발달 계산에서는 0.01~0.02 정도가 타당한 값으로 이용되고 있다. 하지만 현지관측의 결과에 의하면 $f = 0.03 - 1.0$으로 보고되어 있다. 이 마찰계수의 값에는 바람의 영향, 파의 간섭, 쇄파 효과 등도 포함되어 있다고 생각한다.

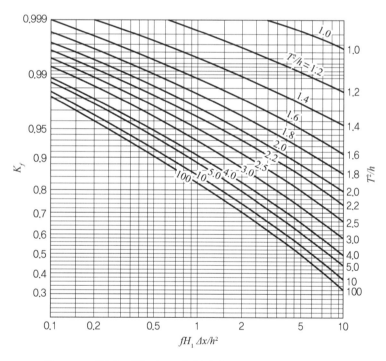

그림 3.7.2 마찰에 의한 파고 감쇄율(일본토목학회 수리공식집, 1999)

예제 3.17

파고 3m, 주기 12sec의 너울성 파가 수심 25m의 해역을 전파하고 있다. 이 파가 5km 진행했을 때의 파고 감소율은 얼마인가?(해저마찰계수 $f = 0.02$)

풀이 $L_o = 1.56 \times 12^2 = 225\text{m}$, $\dfrac{h}{L_o} = \dfrac{25}{225} = 0.111$

어셀의 수 $gHT^2/h^2 = 9.806 \times 3 \times 12^2/25 = 6.777$이므로 그림 3.1.2에서 구하면

$\dfrac{L}{L_o} = 0.74$, $L = 0.74 \times 225 = 167\text{m}$, $\dfrac{h}{L} = \dfrac{25}{167} = 0.1497$, $kh = 0.941$

$H_o/L_o = 3/225 = 0.013 < 0.04$

$K_s = 0.92 + 0.0015(0.111)^{-2.87}(0.013)^{1.27} = 0.923$, $f = 0.02$, $\Delta x = 5,000\text{m}$

식 (3.7.13)을 사용하여 구하면

$$K_f = \frac{H_2}{H_1} = \left[\frac{64\pi^3 f H_1 \Delta x K_s^2}{3g^2 T^4 \sinh^3 kh} + 1 \right]^{-1}$$

$$= \left[\frac{64}{3} \frac{(3.141592)^3}{(9.80621)^2} \frac{0.02 \times 3 \times 5,000}{12^4} \frac{(0.923)^2}{\sinh^3(0.941)} + 1 \right]^{-1}$$

$$= 0.939$$

파고감쇄율$[(1 - 0.939) \times 100 = 6.1\%]$은 6.1%이다.

$\therefore$ $H_2 = 3 - (3 \times 0.061) = 2.817\text{m}$

그래프로 읽으면 $f H_1 \Delta x/h^2 = 0.02 \times 3 \times 5000/25^2 = 0.48$, $T^2/h = 12^2/25 = 5.75$

파고감쇄율 $K_f = 0.94$가 얻어진다. 즉, 파고는 6% 감소한 2.82m가 된다.

예제 3.18

수심 5m, 주기 10초, 심해파 파고 2.0m, 거리 200m를 전파한 경우 마찰계수는 0.04로 한다.

풀이 $f H \Delta x/h^2 = 0.04 \times 2.0 \times 200/25 = 0.64$, $T^2/h = 100/5 = 20$

그래프로부터 파고감쇄율 $K_f = 0.89$가 얻어진다. 즉, 파고는 11% 감소한 1.78m가 된다.

CHAPTER
4

해양파의
통계적 특성

CHAPTER 4

해양파의 통계적 특성

지금까지는 파고, 주기, 파향이 일정한 규칙파에 대해서 살펴보았다. 그러나 실제로 해양에 존재하는 파는 그림 4.1.1에서 보는 바와 같이 매우 불규칙한 경향을 보인다. 이 장에서는 불규칙한 파를 해석하는 통계적인 대표파법과 에너지 스펙트럼에 의한 대표파법에 대해서 살펴본다.

<table><tr><td>4.1</td><td>파의 통계적 성질</td></tr></table>

그림 4.1.1에 나타낸 것처럼 실제 불규칙파형 자료에서 파고와 주기를 결정하는 방법으로는 일반적으로 제로업(다운) 크로스법[zero-up(down) cross method)]이 사용된다. 이 방법은 수면파형이 상승(하강)하면서 평균 수면을 지나는 시각으로부터, 다음에 똑같은 방법으로 지나는 시각까지의 최고수위와 최저수위와의 차를 파고로 정의하고, 그 시간의 간격을 주기로 정의하는 것이다. 이렇게 해서 얻은 다수의 파고와 주기를 통해 파군의 통계적인 다음의 대표파들을 정하게 된다.

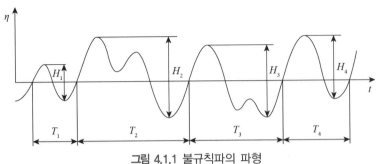

그림 4.1.1 불규칙파의 파형

(1) **최대파**($H_{\max}$, $T_{\max}$) : 파군 중에서 가장 큰 파를 최대파라고 하며, 최대주기는 최대파고 를 가진 파의 주기를 말한다.

(2) $\dfrac{1}{10}$ **최대파**($H_{1/10}$, $T_{1/10}$) : 파군 중에서 파고가 큰 쪽으로부터 세어서 전체의 상위 1/10의 파에 대해서 산술평균한 파고를 말하며 그때의 주기를 말한다.

(3) $\dfrac{1}{3}$ **최대파**($H_{1/3}$, $T_{1/3}$) : 파군 중에서 파고가 큰 쪽으로부터 세어서 전체의 1/3의 파에 대해서 산술평균한 파고와 주기를 말한다. 이 1/3파는 유의파(significant wave)라고도 부른다.

(4) **평균파**($\overline{H}$, $\overline{T}$ or H_m, T_m) : 파군 중의 모든 파에 대해서 파고와 주기를 산술평균한 파고와 주기를 말한다.

예제 4.1

표 4.1.1을 이용하여 최대파, 1/10최대파, 유의파(1/3최대파), 평균파를 구하여라.

풀이 $H_{\max} = 4.89\text{m}$, $T_{\max} = 8.0\text{sec}$, $H_{1/10} = 4.7\text{m}$, $T_{1/10} = 7.5\text{sec}$
$H_{1/3} = 3.6\text{m}$, $T_{1/3} = 7.8\text{sec}$; $\overline{H} = 2.4\text{m}$, $\overline{T} = 7.0\text{sec}$

표 4.1.1 파랑기록

파번호	파고 $H(\text{m})$	주기 $T(\text{s})$	파고순위 m
①	0.54	4.2	21
②	2.05	8.0	12
③	4.52	6.9	2
④	2.58	11.9	8
⑤	3.20	7.3	4
⑥	1.87	5.4	17
⑦	1.90	4.4	16
⑧	1.00	5.2	20
⑨	2.05	6.3	13
⑩	2.37	4.3	10
⑪	1.03	6.1	19
⑫	1.95	8.0	15
⑬	1.97	7.6	14
⑭	1.62	7.0	18
⑮	4.08	8.2	3
⑯	4.89	8.0	1
⑰	2.43	9.0	9
⑱	2.83	9.2	7
⑲	2.94	7.9	6
⑳	2.23	5.3	11
㉑	2.98	6.9	5

4.2 파고와 주기의 분포

Longuet-Higgins(1952)는 하나의 파군 중에서 파고가 어떤 빈도로 출현하는가 하는 문제를 다루고, 파군의 주파수가 좁은 밴드폭에 들어가는 경우, 출현빈도는 Rayleigh 분포에 의해 표시되는 것을 이론적으로 보였다.

파고의 확률밀도함수를 $p(H)$라 하면,

$$p(H)dH = \frac{\pi}{2}\frac{H}{\overline{H}^2}\exp\left\{-\frac{\pi}{4}\left(\frac{H}{\overline{H}}\right)^2\right\}dH \tag{4.2.1}$$

로 나타낼 수 있다. 여기서, $\overline{H}$는 평균파고이다.

임의의 값 H보다도 큰 파고가 출현하는 확률[초과 확률, $p(H)$]은 다음과 같이 된다.

$$p(H) = 1 - \int_0^H p(H)dH = \exp\left\{-\frac{\pi}{4}\left(\frac{H}{\overline{H}}\right)^2\right\} \tag{4.2.2}$$

따라서 계산에 의해 표 4.2.1과 같은 관계를 얻을 수 있다.

표 4.2.1 대표파 간의 관계($H_{1/1} = \overline{H}$)

n	$H_{1/n}/H_{1/3}$	$H_{1/n}/\overline{H}$	$H_{1/n}/H_s$
1	0.625	1.000	0.886
3	1.000	1.597	1.416
10	1.271	2.031	1.800

최대파고 H_{max}는 이론적으로 확정할 수 없는 것으로 파에너지가 좁은 주파수대에 집중하고 있는 경우에는, 유의파고나 평균파고를 이용하여 최대파고를 구할 수가 있다. 관측한 파의 수 N과 $H_{max}/H_{1/3}$의 파고비는 다음의 표 4.2.2와 같이 나타낼 수가 있다. 최대파고 H_{max}는 파의 수가 증가함에 따라 커지는 것을 표로부터 알 수 있다.

표 4.2.2 파의 수와 최대파고와의 관계

N	20	50	100	200	500	1000	2000	10000
$H_{max}/H_{1/3}$	1.256	1.419	1.534	1.641	1.772	1.866	1.956	2.510

파의 수가 큰 경우 최대파고와 유의파고의 비는 빈도분포의 최댓값과 평균값에 의해 다음과 같이 예측할 수 있다.

$$\frac{H_{\max}}{H_{1/3}} = 0.706\sqrt{\ln N} \; : \; \text{최댓값}$$

$$\frac{H_{\max}}{H_{1/3}} = 0.706\left\{\sqrt{\ln N} + \frac{\gamma}{2\sqrt{\ln N}}\right\} \; : \; \text{평균값}$$

여기서, γ는 Euler계수로서 0.5772인 값을 취한다.

해양 구조물의 설계에서 최대파고 $H_{\max}$를 이용하는 경우 $H_{\max} = (1.6 - 2.0)H_{1/3}$이 자주 사용된다. 해양강구조물 설계에는 $H_{\max} = 2.0 H_{1/3}$이 사용되며(일본토목학회편, 1973), 혼성방파제 설계에서는 $H_{\max} = 1.8 H_{1/3}$이 사용된다(Goda, 1973).

파군 중 주기의 편차는 파고의 경우보다는 작고, 평균 주기 $\overline{T}$의 0.5~2.0배의 범위에 있다고 보면 된다. 현지 데이터를 해석한 결과에 의하면, 다음의 관계가 성립한다.

$$T_{\max} \fallingdotseq T_{1/10} \fallingdotseq T_{1/3} \fallingdotseq 1.2\,\overline{T}, \; T_{\max} \fallingdotseq T_{1/10} \fallingdotseq T_{1/3} \fallingdotseq (1.1 - 1.3)\overline{T}$$

혹은

$$\overline{T} = 0.822\,T_{1/3}, \; T_{1/10} = 1.023\,T_{1/3}$$

이 된다.

예제 4.2

20분간 수위관측결과 평균주기가 10초, 평균파고가 5m이었다. 이 경우의 유의파, 1/10 최대파, 최대파의 파고를 구하여라.

풀이 $H_{1/3} = 1.6 \times \overline{H} = 1.6 \times 5.0 = 8.0\text{m}$

$H_{1/10} = 1.27 \times H_{1/3} = 1.27 \times 8.0 = 10.16\text{m}$

파수 N은

$$N = \frac{60 \times 20}{10} = 120$$

따라서 최대파고는

$$H_{\max} = 0.706 \sqrt{\ln N} \times H_{1/3} = 0.706 \sqrt{\ln 120} \times 8.0 = 12.36\text{m}$$

예제 4.3

400파의 파랑 관측결과에서 $H_{rms} = 4.5$m를 얻었다.
(1) 이 파군의 유의파고, (2) $H = 2H_{rms}$ 이상인 파의 수, (3) 최대파고의 최댓값과 평균값을 계산하여라.

풀이 $H_{rms} = \dfrac{1}{0.886}\overline{H}$

(1) $H_{1/3} = 1.6 \times \overline{H} = 1.6 \times 0.886 \times H_{rms} = 1.6 \times 0.886 \times 4.5 = 6.379$m

(2) $p(H) = \exp\left\{-\dfrac{\pi}{4}\left(\dfrac{H}{\overline{H}}\right)^2\right\}$ 에서 $p(H) = \dfrac{n}{N}$ 로 놓으면

$$\frac{n}{N} = \exp\left\{-\frac{\pi}{4} \times \left\{\frac{H}{\overline{H}}\right\}^2\right\} = \exp\left\{-\frac{\pi}{4} \times \left(\frac{2H_{rms}}{0.886 \times H_{rms}}\right)^2\right\}$$

$$= \exp(-4) = 0.01832$$

$$n = 0.01832 \times 400 \fallingdotseq 7.3 = 7\text{파}$$

(3) 최대파고의 최댓값 $H_{\max} = 0.706 \sqrt{\ln 400} \times 6.379 = 1.728 \times 6.4 = 11.02$m

최대파고의 평균값 $H_{\max} = 0.706(2.448 + 0.118) \times 6.379 = 11.56$m을 얻는다.

4.3 파의 에너지 스펙트럼

불규칙한 파형은 주기가 다른 무수한 여현파(성분파)의 합으로 나타낼 수 있다. 각 여현파의 에너지가 각주파수에 대해서 어떻게 분포하고 있는가를 나타낸 것을 주파수 스펙트럼, 각 파수에 대해서 나타낸 것을 파수 스펙트럼이라 하며, 이들을 총칭해서 에너지 스펙트럼이라 한다.

해양파의 수면파형은 시간적으로도 공간적으로도 매우 불규칙한 변화를 나타낸다. 그 수면 변동 $\eta(x,\ y,\ t)$는,

$$\eta(x,\ y,\ t) = \sum_{n=0}^{\infty} a_n \cos(xk_n \cos\theta_n + yk_n \sin\theta_n - \sigma_n t + \epsilon_n) \tag{4.3.1}$$

로 표시된다. 여기서, k_n은 성분파의 파수, θ_n은 성분파의 전파각도, σ_n은 성분파의 각주파수, f_n은 성분파의 주파수, ϵ_n은 성분파의 위상, a_n은 성분파의 진폭이다.

임의의 구간 $(k,\ k+\delta k;\ \theta,\ \theta+\delta\theta)$에서 파의 방향 스펙트럼 $E(k,\ \theta)$와의 사이에는 다음의 관계가 성립한다.

$$E(k,\ \theta)\delta k\delta\theta = \sum_{k}^{k+\delta k} \sum_{\theta}^{\theta+\delta\theta} \frac{1}{2}a_n^2 \tag{4.3.2}$$

수면 변위의 자승 평균을 취하면, 식 (4.3.3)이 된다.

$$\overline{\eta^2} = \int_0^{\infty} \int_0^{2\pi} E(k,\ \theta)\delta k\delta\theta \tag{4.3.3}$$

식 (4.3.3)을 파의 진행 방향에 대해서 적분하면,

$$E(k) = \int_0^{2\pi} E(k,\ \theta)\delta\theta \tag{4.3.4}$$

이것이 파수 스펙트럼이다. 심해파에 대해서 생각하면,

$$\sigma_n^2 = 4\pi^2 f_n^2 = gk_n \tag{4.3.5}$$

혹은

$$f_n^2 = \frac{g}{4\pi} k_n \tag{4.3.6}$$

이고, 파수 k와 주파수 f는 일의적으로 대응하기 때문에, 식 (4.3.7)에 의해 주파수 스펙트럼 $E(f)$를 정의할 수가 있다.

$$\overline{\eta^2} = \int_0^\infty E(k)dk = \int_0^\infty E(f)df \tag{4.3.7}$$

$E(f)$에서는 파랑 관측 기록의 해석이나 이론적 고찰에 기초해서 많은 식이 제안되었다. 충분히 발달한 풍파에 대한 스펙트럼인 경우에 다음의 식들이 대표적으로 이용된다.

(1) Pierson–Moskowitz 스펙트럼

외해에서 일정한 풍속의 바람이 충분히 긴 거리를 불어서 파가 한껏 발달한 상태의 스펙트럼으로 다음 식 (4.3.8)과 같이 나타낸다.

$$E(f) = \frac{8.10 \times 10^{-3} g^2}{(2\pi)^4 f^5} \exp\left\{ -0.74 \left(\frac{g}{2\pi U_{19.5} f} \right)^4 \right\} \ (m^2 \cdot s) \tag{4.3.8}$$

여기서, $U_{19.5}$는 해면 위 19.5m에서의 풍속으로 해면 위 10m의 풍속($U_{10.0}$)과 다음의 관계가 있다.

$$U_{19.5} = 1.07 U_{10.0} \tag{4.3.9}$$

(2) Bretschneider–Mistuyasu 스펙트럼

풍파의 스펙트럼으로서 실측 혹은 추산에 의해 통계적인 대표파의 파고와 주기가 주어졌을 때, 다음과 같은 식 (4.3.10)이 사용된다.

$$E(f) = \frac{0.257 H_{1/3}^2}{T_{1/3}^4 f^5} \exp\left[\frac{-1.03}{T_{1/3} f^4}\right] \ (m^2 \cdot s) \tag{4.3.10}$$

(3) Mitsuyasu 스펙트럼

취송거리와 유한한 경우의 주파수 스펙트럼의 일반형을 다음과 같이 제시했다.

$$E(f) = 8.58 \times 10^{-4} \left(\frac{gF}{u_*^2}\right)^{-0.312} g^2 f^{-5}$$

$$\times \exp\left\{-1.25 \left(\frac{gF}{u_*^2}\right)^{-1.32} \left(\frac{u_* f}{g}\right)^{-4}\right\} \ (m^2 \cdot s) \tag{4.3.11}$$

여기서, F는 취송거리, u_*는 해면에서의 바람의 마찰속도, 해면 10m에서의 풍속과 관계는 $u_* = r_{10}^2 \times U_{10}$이다. γ_{10}^2은 마찰계수로 1.6×10^{-3}을 사용하여 다시 쓰면 식 (4.3.12)가 된다.

$$E(f) = 1.15 \times 10^{-4} \left(\frac{gF}{U_{10}^2}\right)^{-0.312} g^2 f^{-5}$$

$$\times \exp\left\{-99.6 \left(\frac{gF}{U_{10}^2}\right)^{-1.32} \left(\frac{U_{10} f}{g}\right)^{-4}\right\} \ (m^2 \cdot s) \tag{4.3.12}$$

짧은 취송거리에서 강풍에 의해 급하게 발달된 풍파의 경우(피크 스펙트럼이 더 뾰족한 경우)에는 다음의 식이 이용된다.

(4) JONSWAP(Joint North Sea Wave Project) 스펙트럼

북해에서의 관측결과에 기초로 피크 증폭률 γ를 도입한 것이 특징이며, 피크 증폭률이 증대함에 따라 스펙트럼의 피크가 뾰족하게 된다. $\gamma = 1$일 때, 식 (4.3.8)과 동일하게 된다.

$$E(f) = \frac{\beta_J H_{1/3}^2}{T_p^4 f^5} \times \gamma^{\exp[-(T_p f - 1)^2 / 2\sigma^2]} \times \exp\left[\frac{-1.25}{(T_p f)^4}\right] \tag{4.3.13}$$

여기서,

$$\beta_J = \frac{0.0624(1.094 - 0.01959\ln\gamma)}{0.230 + 0.0336\gamma - \dfrac{0.185}{(1.9+\gamma)}} \tag{4.3.14}$$

$$T_p \fallingdotseq \frac{T_{1/3}}{1 - \dfrac{0.132}{(\gamma + 0.2)^{0.559}}} \tag{4.3.15}$$

$$\sigma = \begin{cases} 0.07 &: \quad f \leq f_p\left(= \dfrac{1}{T_p}\right) \\ 0.09 &: \quad f > f_p \end{cases} \tag{4.3.16}$$

대체로 피크 증폭률 $\gamma = 1 \sim 7$(평균 3.3)이다.

천해역을 진행하는 경우에는 고주파수 쪽의 감쇠가 상대적으로 완만한 경우가 많아 다음의
식들이 이용된다.

(5) Wallops 스펙트럼

천해역에서 진행하는 파를 고려 고주파수 쪽의 감쇠가 상대적으로 완만한 스펙트럼이다.

$$E(f) = \beta_W H_{1/3}^2 T_p^{(1-m_w)} f^{m_w} \exp\left[\frac{-m_W}{4(T_p f)^4}\right] \quad (m^2 \cdot s) \tag{4.3.17}$$

$$\beta_W \fallingdotseq \frac{0.0624 m_W^{(m_W - 1)/4}}{4^{(m_w - 5)/4} \Gamma[(m_W - 1)/4]} [1 + 0.7458(m_W + 2)^{-1.057}] \tag{4.3.18}$$

$$T_p \fallingdotseq T_{1/3} / [1 - 0.283(m_W - 1.5)^{-0.684}] \tag{4.3.19}$$

여기서, m_w는 파랑분포에서 유의 경사(significant slope of wave field), $\Gamma[\,\cdot\,]$는 감마함수이다.
그리고 $m_W = 5$일 때, 식 (4.3.10)과 일치하게 된다.

(6) TMA(Texel Marine remote sensing experiment & Atlantic ocean remote sensing land-ocean experiment) 스펙트럼

JONSWAP 스펙트럼에 상대수심을 변수로 하는 다음의 함수를 곱한 경우에는 천해역에서의 수심 변화를 고려한 스펙트럼이 된다. 수심이 얕아짐에 따라 그 절댓값이 점차적으로 감소하며, 쇄파에 의해 파의 에너지가 감쇠하는 과정을 간접적으로 표현하고 있다.

$$\phi(kh) = \frac{\tanh^2 kh}{1 + 2kh/\sinh 2kh} \tag{4.3.20}$$

에너지 스펙트럼이 주어졌을 때, 그 원점에 대한 n차의 모멘트 m_n은 다음과 같이 정의된다. $n = 0,\ 1,\ 2$의 경우는 각각 다음과 같이 주어진다.

$$m_0 = \int_0^\infty E(f)df = \overline{\eta^2} = \sum_0^\infty \frac{1}{2}a_n^2 \equiv \frac{E}{2} \tag{4.3.21}$$

$$m_1 = \int_\infty^0 fE(f)df, \ \ m_2 = \int_\infty^0 f^2 E(f)df \tag{4.3.22}$$

통계 이론에 의하면, 평균 주기($\overline{T}$)는 $\overline{T} = \sqrt{\dfrac{m_0}{m_2}}$ 가 된다. 그리고 이론 및 관측을 기반으로 조사한 결과 파의 에너지 스펙트럼과 대표파고 사이의 관계식은 다음과 같이 나타난다.

$$H_{1/10} = 3.60\sqrt{E}, \ \ H_{1/3} = 2.83\sqrt{E}, \ \ \overline{H} = 1.77\sqrt{E}$$

예제 4.4

Pierson-Moskowitz의 스펙트럼을 이용하여 풍속이 해면 위 19.5m에서 20m/s일 때 바람에 의해 충분히 발달한 파고($H_{1/10}$)를 구하여라.

풀이 Pierson-Moskowitz의 식

$$E(f) = \frac{8.10 \times 10^{-3} \times g^2}{(2\pi)^4 f^5} \exp\left\{-0.74\left(\frac{g}{2\pi U_{19.5} f}\right)^4\right\} \ (\text{m}^2 \cdot \text{s})$$

$$= \frac{8.10 \times 10^{-3} \times g^2}{(2\pi)^4} f^{-5} \exp\left\{-0.74\left(\frac{g}{2\pi U_{19.5}}\right)^4 f^{-4}\right\} \ (\text{m}^2 \cdot \text{s})$$

위 식을 나타내면 $E(f) = \dfrac{A}{f^m}\exp\left(-\dfrac{B}{f^n}\right) = \dfrac{A}{f^5}\exp\left(-\dfrac{B}{f^4}\right)$이므로

$$A = \frac{8.10 \times 10^{-3} \times g^2}{(2\pi)^4} = \frac{8.1 \times 10^{-3} \times 9.80621^2}{(2 \times 3.141592)^4} = 0.0005,$$

$$B = 0.74\left(\frac{g}{2\pi U_{19.5}}\right)^4 = 0.74\left(\frac{9.80621}{2 \times 3.141592 \times 20}\right)^4 = 0.0000274$$

$m = 5, \ n = 4$

로 나타낼 수 있다.

$$E = \int_0^\infty E(f)df = \frac{A}{n}\frac{\Gamma(m-1)/n}{B^{(m-1)/n}}$$ 의 관계에서

$$E = \frac{0.0005}{4}\frac{(5-1)/4}{0.0000274^{(5-1)/4}} = 4.562$$ 이며

$H_{1/10} = 3.6\sqrt{E}$ 이므로 $\therefore \ H_{1/10} = 3.6\sqrt{4.562} = 7.69\text{m}$ 이다.

예제 4.5

$U_{10} = 20\text{m/s}$, $F = 40\text{km}$인 경우의 Mitsuyatsu 스펙트럼을 이용하여 $H_{1/3}$과 $T_{1/3}$을 구하여라.

풀이 $H_{1/3} = 2.83\sqrt{E} = 2.83\sqrt{\int_0^\infty E(f)df}$ 로 쓰면,

$$E(f) = \frac{A}{f^m}\exp\left\{-\frac{B}{f^n}\right\} = Af^{-m}\exp(-Bf^{-n})$$

$$= 8.58 \times 10^{-4}\left(\frac{gF}{u_*^2}\right)^{-0312} g^2 f^{-5} \times \exp\left[-1.25\left(\frac{gF}{u_*^2}\right)\left(\frac{u_*}{g}\right)^{-4} f^{-4}\right]$$

$$A = 8.58 \times 10^{-4}\left(\frac{gF}{u_*^2}\right)^{-0.312} g^2, \ B = 1.25 \times \left(\frac{gF}{u_*^2}\right)^{-1.32}\left(\frac{u_*}{g}\right)^{-4}$$

$\Gamma\left(\dfrac{m-1}{n}\right)$는 Gamma의 함수. 따라서 $m = 5, n = 4, \ \Gamma(1) = 1$이 된다.

$$E = \int_0^\infty E(f)\,df = \frac{A}{n}\frac{\Gamma\left(\dfrac{m-1}{n}\right)}{B^{\frac{(m-1)}{n}}}$$

$$= \frac{A}{4}\times\frac{1}{B} = \frac{1}{4}\left(8.58\times10^{-4}\left(\frac{gF}{u_*^2}\right)^{-0.312}g^2\right)\times\frac{1}{1.25\times\left(\dfrac{gF}{u_*^2}\right)^{-1.32}\times\left(\dfrac{u_*}{g}\right)^{-4}}$$

$$= 1.716\times10^{-4}\times\left(\frac{gF}{u_*^2}\right)^{1.008}\times\frac{u_*^4}{g^2}$$

여기서 $u_* = \sqrt{\gamma_{10}^2}\times U_{10}$, $\gamma_{10}^2 = 1.6\times10^{-3}$

따라서 $u_*^2 = r_{10}^2\times U_{10}^2 = 1.6\times10^{-3}\times U_{10}^2$

$$H_{1/3} = 2.83\sqrt{E} = 2.83\times\sqrt{1.716\times10^{-4}\times(gF/u_*^2)^{1.008}\times u_*^4/g^2}$$

$$= 2.83\times1.309\times10^{-2}\times(gF/u_*^2)^{0.504}\times u_*^2/g$$

$$= 3.7045\times10^{-2}\times\left(\frac{gF}{(1.6\times10^{-3})U_{10}^2}\right)^{0.504}\times\frac{1.6\times10^{-3}U_{10}^2}{g}$$

$$\frac{gH_{1/3}}{U_{10}^2} = 1.50\times10^{-3}\times\left(\frac{gF}{U_{10}^2}\right)^{0.504}$$

$$\therefore\ H_{1/3} = 2.15\times10^{-3}\times\left(\frac{9.81\times40000}{20^2}\right)^{0.504}\times\frac{20^2}{9.81} = 1.97\text{m}$$

* Mitsuyatsu는 유의파 주기 $T_{1/3}$에 대해서 다음 식을 제안하고 있다.

$$\frac{gT_{1/3}}{2\pi U_{10}} = 5.07\times10^{-2}\times\left(\frac{gF}{U_{10}^2}\right)^{0.330}$$

$$\therefore\ T_{1/3} = 5.07\times10^{-2}\times\left(\frac{9.80621\times40000}{20^2}\right)^{0.330}\times\left(\frac{2\times3.141592\times20}{9.80621}\right) = 6.3\,\text{sec}$$

파의 방향 스펙트럼에 관해서도 여러 가지 검토가 행해지고 있지만 관측이 곤란하기 때문에, 아직 만족할 만한 결론에 도달하지 않았다. 파의 방향 스펙트럼 밀도함수는 주파수 스펙트럼 밀도함수[$E(f)$]와 방향 분포함수[$G(\theta;\,f)$]의 곱으로 다음과 같이 나타낼 수 있다.

$$E(f,\,\theta) = E(f)G(\theta;\,f) \tag{4.3.23}$$

또 θ를 파의 탁월 방향에서 측정한다고 하면,

$$E(f) = \int_{-\pi}^{\pi} E(f, \theta) d\theta = E(f) \int_{-\pi}^{\pi} g(\theta; f) d\theta \qquad (4.3.24)$$

로 나타낼 수 있음을 고려하여 위 식을 적분하면, 다음과 같이 된다.

$$\int_{-\pi}^{\pi} G(\theta; f) d\theta = 1 \qquad (4.3.25)$$

위 식을 만족하는 성분파의 방향분포는 파의 진행 방향에 대해서 대칭인 것을 고려하여

$$G(f, \theta) \propto \cos^{n}\theta \propto \cos^{2s}\left(\frac{\theta}{2}\right) \qquad (4.3.26)$$

의 함수형을 고려할 수 있다. 여기서, n, s는 주파수 f의 함수이다.

크로바 브이식(cloverleaf buoy) 파랑계에 의해 얻어진 관측결과에서, Mitsuyasu 등(1975)은 다음의 방향 분포함수를 제안했다.

$$G(f, \theta) = G_o \cos^{2s}\left(\frac{\theta}{2}\right), \quad G_o = \frac{1}{\pi} 2^{2s-1} \frac{(\Gamma(S+1))^2}{\Gamma(2S+1)} \qquad (4.3.27)$$

여기서, $\Gamma(x)$는 감마함수이고, S는 방향에 대한 에너지의 집중도를 나타내는 파라미터로

$$S = \begin{cases} S_{\max}\left(\dfrac{f}{f_p}\right)^5 & (f \leq f_p) \\[4mm] S_{\max}\left(\dfrac{f}{f_p}\right)^{-2.5} & (f \geq f_p) \end{cases} \qquad (4.3.28)$$

여기서, $S_{\max}$는 방향 집중도 파라미터, f_p는 주파수 스펙트럼의 피크주파수이고,

$$f_p = \frac{1}{1.05\, T_{1/3}} \qquad (4.3.29)$$

으로 추정할 수가 있다. 또 $S_{\max}$는 다음과 같이 된다.

$$S_{\max} = 11.5 \left(\frac{2\pi f_p U_{10}}{g} \right)^{-2.5}, \quad \left(\frac{2\pi f_p U_{10}}{g} \right) = 18.8 \left(\frac{gF}{U_{10}^2} \right)^{-0.33} \qquad (4.3.30)$$

여기서, F는 취송거리이다. $S_{\max}$의 값은 다음 값을 이용하는 것을 제안하고 있다.

(1) 풍파 : $S_{\max} = 10\,(G_o = 0.9033)$

(2) 감쇄거리가 짧은 너울(파형 경사가 비교적 큼) : $S_{\max} = 25\,(G_o = 1.4175)$

(3) 감쇄거리가 긴 너울(파형 경사가 작음) : $S_{\max} = 75\,(G_o = 2.4451)$

그림 4.3.1은 방향집중도 파라미터와 상대수심과의 관계를 계산한 결과이다.

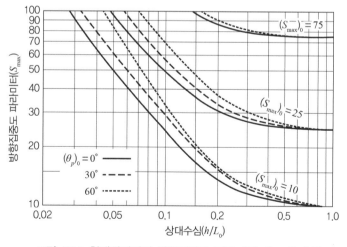

그림 4.3.1 천해역에서의 방향집중도 파라미터 $S_{\max}$의 추정

4.4.1 바람에 의한 파의 발생과 발달

수면 위에 바람이 불면 파가 일어나는데, 그 발생 기구를 밝히려는 시도는 오래전부터 있었다. 우선 Helmholtz는 공기와 물이라고 하는 밀도가 전혀 다른 성층의 해면에 불안정이 생기기 위한 조건으로 다음의 식을 구하고 있다.

$$(U - U')^2 > \frac{g}{k} \frac{(\rho^2 - \rho'^2)}{\rho\rho'} \tag{4.4.1}$$

여기서, U는 유속, ρ는 물의 밀도, ρ'는 상층에서의 밀도(즉, 공기의 밀도)이다.

또 Kelvin은 파의 발생 단계에서는 표면장력 K가 중요한 역할을 한다고 생각하며, 이 효과를 넣어서 다음 식을 얻었다.

$$(U - U')^2 > \frac{g}{k} \frac{(\rho^2 - \rho'^2)}{\rho\rho'} + Kk\frac{(\rho + \rho')}{\rho\rho'} \tag{4.4.2}$$

해수가 정지하고 있는 경우 풍속은 $U' = 6.4\mathrm{m/s}$를 얻는다. 하지만 한계 풍속에 대한 관측 결과를 살펴보면, Roll은 $40\mathrm{m/s}$이고, Keulegan은 $12\mathrm{m/s}$로 편차가 매우 크다. 따라서 Kelvin, Helmholtz에 의한 완전 유체로서의 취급은 문제가 제기되어, Wuest나 Lock는 점성에 의해서 경계면에 생기는 경계층을 고려해서 논해야 한다는 관점으로 이 문제를 다루었다.

한편, Eckart는 바람의 압력 변동이 파의 발생에 대해서 중요한 역할을 한다는 제안을 하였다. 이와 같은 경과를 거쳐 1957년, 파의 발생·발달에 대한 연구는 비약적으로 진보했다. 그것은 Philips(1957)와 Miles(1957)가 때를 같이 하여 각각의 이론을 발표한 것에 의한다.

4.4.2 취송시간과 취송거리

지금까지 설명한 바와 같이 파가 발달하기 위해서는 바람이 계속 충분히 불어야 한다. 바람이 계속 불고 있는 시간을 취송시간(duration)이라 하고, 파가 바람을 받아 발달하면서 진행하는 거리를 취송거리(fetch)라 한다. 파가 충분히 발달하기 위해서는 일정 시간 이상 바람이 계속 불어주어야 하는데, 이 시간을 최소 취송시간 $t_{\min}$ 이라 한다. 파가 그 시간에 대응하는 한도까지 발달하는 데 필요한 수역의 거리를 최소 취송거리 $F_{\min}$ 라 한다.

4.4.3 심해역에서의 파랑추산법(SMB법)

파랑추산 방식으로서 Sverdrup과 Munk(1947)가 제안한 SMB법이 가장 널리 사용된다. SMB 법은 풍역이 이동하지 않는 경우에 적용된다. 여기서는 현재 신뢰도가 비교적 높은 1965년에 해면 위 10m 에서의 U_{10} 과 유의파의 파고, 주기를 Wilson(1955)이 관측값을 정리하여 만든 다음과 같은 식을 제안하고 있다.

$$\frac{g H_{1/3}}{U_{10}^2} = 0.3 \left[1 - \frac{1}{\left(1 + 0.004 \left(\frac{gF}{U_{10}^2} \right)^{1/2} \right)^2} \right] \tag{4.4.3}$$

$$\frac{g\,T_{1/3}}{2\pi\,U_{10}} = 1.37 \left[1 - \frac{1}{\left(1 + 0.008 \left(\frac{gF}{U_{10}^2} \right)^{1/3} \right)^5} \right] \tag{4.4.4}$$

그림 4.4.1은 Wilson식을 도시한 것으로서 풍속이 일정한 경우와 풍속이 변화하는 경우로 나누어서 설명한다.

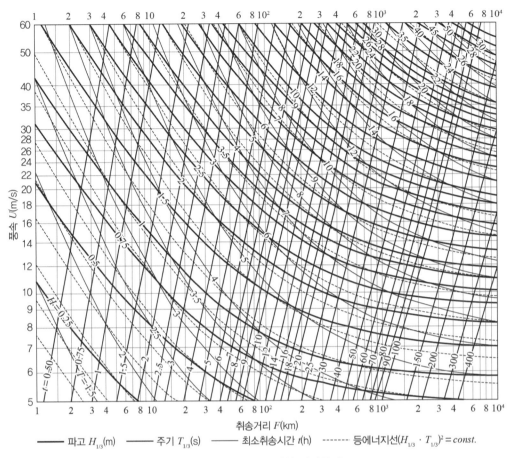

그림 4.4.1 SMB법에 의한 파랑추산도

파고 $H_{1/3}$(m) ─── 주기 $T_{1/3}$(s) ─── 최소취송시간 t(h) ------ 등에너지선$(H_{1/3} \cdot T_{1/3})^2 = const.$

(1) 풍속이 일정한 경우

U와 F 및 U와 t의 각각의 조합에 대하여 그림에서 H 및 T를 읽어내어, 어느 것이든 작은 조합의 값을 취한다.

예제 4.6

$F = 100$km(취송거리), $U_{10} = 15$m/s(풍속), $t = 10hr$(취송시간)일 때 유의파 파고와 유의파 주기를 구하여라.

풀이 그림에서 U와 F의 조합 $H_{1/3} = 2.5$m, $T_{1/3} = 6.0$sec

U와 t의 조합 $H_{1/3} = 2.8\text{m}$, $T_{1/3} = 6.5\text{sec}$

따라서 U와 F의 조합 $H_{1/3} = 2.5\text{m}$, $T_{1/3} = 6.0\text{sec}$가 된다.

(2) 풍속이 변화하는 경우

$((t_2 - t_1) + t')$와 U_2 및 F_2와 U_2의 각각의 조합에 대한 파를 구하여 작은 쪽의 값을 가지고 그 지점의 파의 특성으로 한다.

예제 4.7

취송거리 100km의 풍역대를 $U = 15\text{m/s}$의 바람이 10시간 불고 나서 풍속이 바뀌어 $U = 20\text{m/s}$의 바람이 5시간 불었다. 유의파 파고와 유의파 주기를 구하여라.

 풀이 그림에서 $F = 100\text{km}$, $U = 15\text{m/s} \Rightarrow H_{1/3} = 2.5\text{m}$, $T_{1/3} = 6.0\text{sec}$

$t = 10hr$, $U = 15\text{m/s} \Rightarrow H_{1/3} = 2.8\text{m}$, $T_{1/3} = 6.5\text{sec}$

이 경우 최소 취송거리로부터 파의 조건이 정해져서

$H_{1/3} = 2.5\text{m}$, $T_{1/3} = 6.0\text{sec}$

등에너지 $U = 20\text{m/s}$, $t' = 3.6hr$

$F = 100\text{km}$, $U = 20\text{m/s} \Rightarrow H_{1/3} = 3.5\text{m}$, $T_{1/3} = 7.1\text{sec}$

$t = 5 + 3.6 = 8.6h$, $U = 20\text{m/s} \Rightarrow H_{1/3} = 4.1\text{m}$, $T_{1/3} = 7.6\text{sec}$

따라서 유의파 파고와 유의파 주기는 $H_{1/3} = 3.5\text{m}$, $T_{1/3} = 7.1\text{sec}$이다.

예제 4.8

그림을 보고 설문에 답하시오.

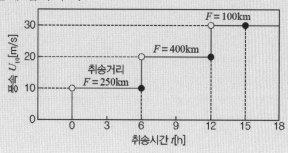

(1) 6시간에서 유의파의 파고 H_1과 주기 T_1을 구하여라.

(2) 12시간에서 유의파의 파고 H_2와 주기 T_2를 구하여라.

(3) 15시간에서 유의파의 파고 H_3와 주기 T_3를 구하여라.

풀이 (1) $U_{10} = 10\text{m/s}$, $F = 250\text{km}$일 때, $H = 1.9\text{m}$, $T = 5.7s$

$U_{10} = 10\text{m/s}$, $t = 6h$일 때, $H = 1.2\text{m}$, $T = 4.2s$

따라서 파고가 작은 쪽이 답

(2) 등에너지선을 따라 이동하면 $t' = 1.3h$가 된다.

$U_{10} = 20\text{m/s}$, $F = 400\text{km}$일 때 $H = 6.0\text{m}$, $T = 9.5s$

$U_{10} = 20\text{m/s}$, $t = 6 + 1.3 = 7.3h$일 때 $H = 3.8\text{m}$, $T = 7.2s$

따라서 작은 쪽이 답

(3) 등에너지선을 따라 이동하면 $t'' = 3h$

$U_{10} = 30\text{m/s}$, $F = 100\text{km}$일 때 $H = 6.0\text{m}$, $T = 8.3s$

따라서 작은 쪽이 답

$U_{10} = 30\text{m/s}$, $t'' = 3 + 3 = 6h$일 때 $H = 6.0\text{m}$, $T = 8.8s$

4.4.4 천해역에서의 파랑추산법(Bretschneider법)

(1) 풍역이 일정한 경우

해저마찰이나 쇄파에 의한 에너지 손실로 풍역조건이 같더라도 천해역에서는 심해역 정도로 파가 발달하지 않는다. 그래서 Bretschneider는 일정 수심의 경우와 해저지형이 일정한 경사의 경우에 대해 파고 추산용 도표를 작성했다. 그림 4.4.2는 일정 수심의 경우 계산도표이다. 주기는 파가 충분히 발달하고 있는 경우에는 파고를 이용하여 다음 식으로 주기를 계산할 수 있다.

$$T_{1/3} = 3.86 \sqrt{H_{1/3}} \tag{4.4.5}$$

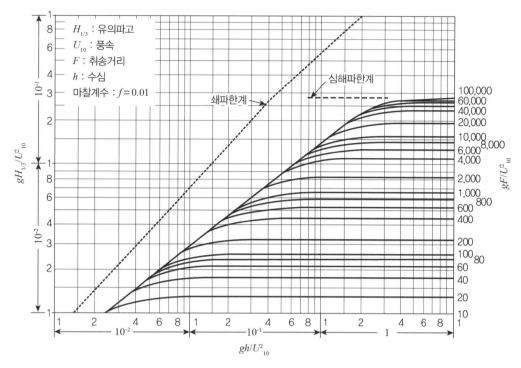

그림 4.4.2 수심이 일정한 경우의 천해파의 취송거리도표

예제 4.9

평균수심 6m, 대안거리 20km의 호수에 풍속 20m/s의 바람이 장시간 불었을 때 발생하는 천해파의 파고와 주기를 추산하여라.

풀이 $h = 6\text{m}$, $F = 20\text{km}$, $U_{10} = 20\text{m/s}$

$$\frac{gh}{U_{10}^2} = \frac{9.80621 \times 6}{20^2} = 0.147, \quad \frac{gF}{U_{10}^2} = \frac{9.80621 \times 20{,}000}{20^2} = 490$$

그림 4.4.2에서 $\dfrac{gH_{1/3}}{U_{10}^2} = 0.037$,

$$H_{1/3} = 0.037 \times \frac{400}{9.8} = 1.5\text{m}, \quad T_{1/3} = 3.86 \times \sqrt{1.5} = 4.7\text{sec}$$

(2) 풍역이 변동하는 경우의 천해파 추정법

Bretschneider의 방법은 풍역이 급격하게 변화하는 경우에는 적용하기 어려우므로 Sakamoto 와 Ijima(1963)는 Wilson의 심해역 식 (4.4.3)과 (4.4.4)를 참조하면서 천해역에서 풍역이 변동하는 풍파에 대한 계산법을 천해역 풍파로 확장했다.

$$\frac{gH_{1/3}}{U^2} = 0.30A\left[1 - \frac{1}{\left(1 + \frac{0.004(gF/U^2)^{1/2}}{A}\right)^2}\right] \tag{4.4.6}$$

$$\frac{gT_{1/3}}{2\pi U} = 1.37B\left[1 - \frac{1}{\left(1 + \frac{0.008(gF/U^2)^{1/3}}{B}\right)^5}\right] \tag{4.4.7}$$

$$A = \tanh\left\{0.578\left(\frac{gh}{U^2}\right)^{3/4}\right\}, \quad B = \tanh\left\{0.520\left(\frac{gh}{U^2}\right)^{3/8}\right\} \tag{4.4.8}$$

(3) 유의파법에 의한 너울의 추정

파가 풍역을 떠나 너울로서 진행할 때에는, 바람으로부터의 에너지의 공급이 없기 때문에, 파고는 점차 감소한다. 이 파고가 감소하는 것은 방향 분산과 속도 분산에 의해서 에너지 밀도가 저하하기 때문이다. 또 너울로써 전파해가는 사이에 역풍을 받기도 하고, 내부 마찰이나 파의 상호 간섭 등의 영향을 받기도 해서 주로 단주기파 성분의 에너지가 손실된다. 그 때문에 너울의 파형은 풍파의 파형과는 달리 둥근 모양을 하게 된다. 너울의 추정에 대해서는 여러 연구가 있지만, 여기서는 Bretschneider가 제안한 관계를 알아본다.

$$\frac{(H_{1/3})_D}{(H_{1/3})_F} = \left(\frac{k_1 F_{\min}}{k_1 F_{\min} + D}\right)^{1/2} \tag{4.4.9}$$

$$\frac{(T_{1/3})_D}{(T_{1/3})_F} = \left(k_2 + (1 - k_2)\frac{(H_{1/3})_D}{(H_{1/3})_F}\right)^{1/2} \tag{4.4.10}$$

여기서, k_1, k_2는 각각 $k_1 = 0.4$, $k_2 = 2.0$인 무차원 정수이고 $F_{\min}$은 풍파를 발생시킨 풍역의 길이, D는 너울의 감쇠거리, $(H_{1/3})_F$, $(T_{1/3})_F$는 풍역의 종단에서의 유의파의 파고 및 주기,

$(H_{1/3})_D$, $(T_{1/3})_D$는 감쇠거리 D를 진행한 뒤의 너울의 유의파의 파고 및 주기이다. 또 너울이 진행거리 D를 진행하는 데 요하는 시간 t_D는,

$$t_D = \frac{4\pi D}{g(T_{1/3})_D} \tag{4.4.11}$$

가 된다. 너울의 전파와 관련된 용어의 정의는 그림 4.4.3과 같다.

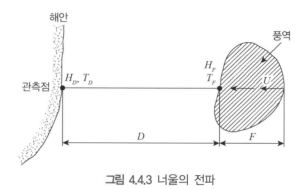

그림 4.4.3 너울의 전파

예제 4.10

해안에서 2000km 떨어진 해상에서 풍속 25m/sec의 바람에 의해 유의파고 5.5m의 파가 발생했다. 이 파가 너울로 되어 해안에 도달할 때의 파고와 주기 및 그 도달시간을 추정하여라.

풀이 $U = 25$m/sec, $H_{1/3} = 5.5$m를 가지고 SMB법의 그림에서 구하면, $F_{\min} = 140$km, $T_{1/3} = 8.5$sec가 되고,

파고 $(H_{1/3})_D = 5.5 \times \left(\frac{0.4 \times 140000}{0.4 \times 140000 + 2000000}\right)^{1/2} = 0.91$m

주기 $(T_{1/3})_D = 8.5 \times \left(2.0 + (1.0 - 2.0) \times \frac{0.91}{5.5}\right)^{1/2} = 11.5$sec

너울의 도달시간 $t_D = \frac{4\pi \times 2 \times 10^6}{9.8 \times 11.5} = 2.23 \times 10^5$sec $\approx 61.9hr$

파와
해양 구조물

파와 해양 구조물

해안에 구조물을 설계하는 경우에 외력으로는 파의 힘(파력)을 들 수 있다. 이 힘은 구조물의 안정성을 검토하기 위하여 제일 먼저 고려해야 할 항목이다. 한편 해안 구조물에 의해서 파의 처올림은 어디까지인가? 혹은 해안선에서 자주 볼 수 있는 소파공에 의해 파가 어느 정도 저감 되는가도 그 구조물을 설계하는 데 매우 중요한 사항이다. 5장에서는 파와 구조물의 상호간섭 문제를 기술한다.

5.1 파력의 특성

일반적으로 파가 구조물에 작용하는 힘을 파력(wave force)이라고 부른다. 그러나 해안의 호 안이나 방파제와 같이 평면적인 구조물의 단위면적에 작용하는 파력을 파압(wave pressure)이라 고 부른다.

입사하는 파고와 연직벽면 전면의 수심과의 관계에 의해 벽면에 작용하는 파압의 특성이 변화한다. 수심은 변하지 않고 파고를 증대시키면 그림 5.1.1에 나타내듯이 파압의 형상이 변화 한다. 파고가 작을 때는 중복파압이 형성되며, 파압이 완만하게 변화한다[그림 5.1.1(a)]. 파고가 어느 정도 커지면 피크를 2개 갖는 쌍봉형이 된다[그림 5.1.1(b)]. 게다가 파고가 증대하고 중복 파의 쇄파한계를 넘으면 쌍봉형의 제1피크가 제2피크보다도 크게 되어 쇄파압으로 된다[그림

5.1.1(c)]. 그리고 완전히 파가 부서지면 순간적으로 최대가 되는 충격쇄파압(impact breaking wave pressure)이 된다[그림 5.1.1(d)].

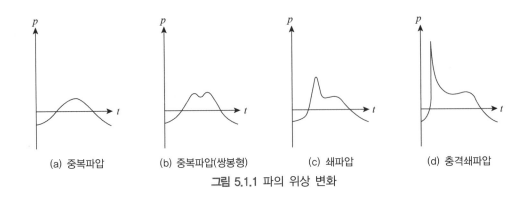

(a) 중복파압   (b) 중복파압(쌍봉형)   (c) 쇄파압   (d) 충격쇄파압

그림 5.1.1 파의 위상 변화

그림 5.1.1에 나타낸 중복파압, 중복파압(쌍봉형), 쇄파압, 충격쇄파압으로의 이행은 파고의 증대와 함께 연속적으로 일어나기 때문에, 파압을 산정하는 경우에 구분하여 취급하는 것은 곤란하지만, 통상적으로 식 (5.1.1)에 의해서 구분된다.

$$h' \geq 2H_{1/3} : 중복파압$$
$$h' < 2H_{1/3} : 쇄파압$$

(5.1.1)

여기서, h'은 직립벽 전면의 마운드 또는 근고블록 위에서의 측정한 수심, $H_{1/3}$은 직립벽 설치 위치에서의 진행파로서 유의파 파고이다.

5.2 중복파의 파압

해안 구조물이 쇄파수심보다도 깊은 장소에 있는 경우는 중복파에 의한 파압이 작용한다. 중복파의 파고가 크게 됨에 따라 미소진폭파로서 취급이 어렵기 때문에 Sainflou(1928)는 유한진폭파 이론을 이용한 산정방법을 제안하고 있지만, 복잡한 계산을 필요로 하기 때문에 실용적으로는 그림 5.2.1에 나타내듯이 파압 분포를 직선 근사한 Sainflou의 간략식(Simplified Sainflou's Formula)이 일반적으로 사용된다.

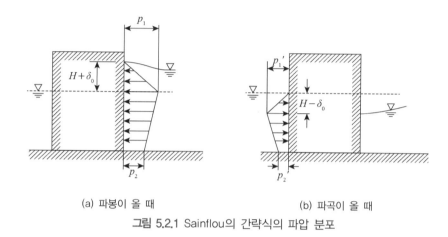

(a) 파봉이 올 때　　　　　　　　(b) 파곡이 올 때

그림 5.2.1 Sainflou의 간략식의 파압 분포

(1) 벽면에 파봉이 왔을 때[그림 5.2.1(a)]

$$p_1 = (p_2 + w_o h)\left(\frac{H + \delta_o}{H + h + \delta_o}\right), \ p_2 = \frac{w_o H}{\cosh kh} \tag{5.2.1}$$

(2) 벽면에 파곡이 왔을 때[그림 5.2.1(b)]

$$p_1{}' = w_o(H - \delta_o), \ p_2{}' = p_2 = \frac{w_o H}{\cosh kh} \tag{5.2.2}$$

여기서, H는 입사파 파고, $\delta_o = \pi H^2 \coth kh / L$이며, $k = 2\pi/L$이고, $w_o = \rho g$는 해수의 단위체적 중량이다. Sainflou의 간략식에 의한 계산 결과와 실험 결과의 비교로부터 상대수심 h/L가 $0.01 - 0.15$에서는 양호한 일치를 보이지만, $h/L > 0.15$에서는 계산 결과가 실험 결과보다 크고, $h/L \ll 0.1$에서는 역으로 계산 결과가 실험 결과보다 작아지는 경향이 있다. 따라서 Sainflou의 식 (5.2.1)과 (5.2.2)는 $h \geq 2H$의 경우에 적합하다.

그림 5.2.2에서처럼 천단고가 낮아 월파가 일어날 경우 벽면에 작용하는 파압은 변하지 않지만, 파압이 작용하는 범위가 천단까지로 한다. 천단에서의 파압 p_3는 식 (5.2.3)으로 주어진다.

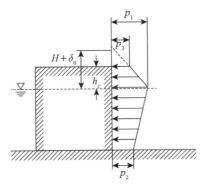

그림 5.2.2 천단이 낮을 때의 파압 분포

$$p_3 = \frac{(H+\delta_o - h_c)p_1}{H+\delta_o} \tag{5.2.3}$$

여기서, h_c는 정수면에서 천단까지의 천단고이다. 다음 제체에 작용하는 부력과 양압력을 고려하자. 정수 중의 물체에는 그 물체의 체적과 같은 유체중량과 같은 부력이 작용한다. 이 부력은 그림 5.2.3에 나타내듯이 제체 아래 면에 작용하며 위쪽을 향하는 힘을 양압력(uplift pressure)이라 부르며, 방파제 등의 안정계산에서는 방파제의 중량으로부터 부력을 제외해야 한다. 제체 전면에 파봉이 있는 경우에는 제체 전면 아래 면 끝에는 정수압 p_0와 파압에 의한 p_2의 합의 압력이 작용하지만, 제체 배후의 수위는 일정하기 때문에 제체 배후 하단의 압력은 $p_0(=w_o h)$이다. 전체 압력으로부터 부력을 뺀 양압력은 삼각형 분포로서 설계 계산에 이용되고 있다. 양압력에는 저질의 입경, 공극률, 공기의 압축성 등이 영향을 주지만, Sainflou의 간략식을 이용하면 제체 전면 아래에서의 양압력 p_u는 다음 식 (5.2.4)로 주어진다.

$$p_u = p_2 = p_2' = \frac{w_o H}{\cosh kh} \tag{5.2.4}$$

제체의 천단고 h_c가 $H + \delta_o$보다 작은 경우는 월파가 제체를 덮어 버리기 때문에 부력이 제체 전체에 작용하므로 양압력은 고려하지 않는다.

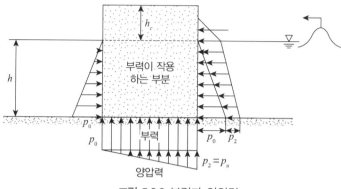

그림 5.2.3 부력과 양압력

예제 5.1

수심 10m의 지점에 설치된 천단폭 5m, 천단높이가 충분히 높은 직립방파제에 파고 2.5m, 주기 6초의 파가 작용한다. 파봉 작용 시에 파압의 합력과 양압력의 합력을 구하여라($w_o = 10.1 \text{kN/m}^3$).

풀이 ※ $1\text{Pa} = 1\text{N/m}^2$, $1\text{kPa} = 1000\text{N/m}^2 = 1\text{kN/m}^2$

By try and error method(시산법)

$$L = 1.56\, T^2 \tanh kh = 1.56 \times 6^2 \times \tanh\left(\frac{2\pi 10}{L}\right), \quad L = 48.37\text{m}$$

$$\delta_o = \frac{\pi H^2}{L} \coth \frac{2\pi h}{L} = \frac{\pi \times 2.5^2}{48.4} \coth \frac{2\pi \times 10}{48.4} = 0.471\text{m}$$

$$p_2 = \frac{w_o H}{\cosh kh} = \frac{10.1 \times 2.5}{\cosh(2\pi \times 10/48.4)} = 12.83\text{kPa}$$

$$p_1 = (p_2 + w_o H)\frac{H + \delta_o}{H + \delta_o + h} = (12.83 + 10.1 \times 10)\frac{2.5 + 0.471}{2.5 + 0.471 + 10} = 26.07\text{kPa}$$

∴ **파압의 합력**

$$P = \frac{1}{2}\left[p_1(H + \delta_o) + (p_1 + p_2)h\right]$$

$$= \frac{1}{2}[26.07(2.5+0.471)+(26.07+12.83)\times 10] = 233.4 \mathrm{kN/m}$$

∴ **양압력의 합력**

$$P_u = \frac{1}{2}(p_2 \times 5) = 32.07 \mathrm{kN/m}$$

예제 5.2

수심 8m 지점에 설치된 직립방파제에 $T_{1/3} = 9\sec$의 파가 입사하는 경우, 전체 파력을 입사파의 유의파고가 $H_{1/3} = 3\mathrm{m}$일 때 계산하시오(Sainflou식 사용).

풀이 $H_{1/3} = 3\mathrm{m}, \ T_{1/3} = 9\sec, \ h = 8\mathrm{m}$

심해파의 파장 $L_o = 1.56 \times 9^2 = 126.4\mathrm{m}, \quad \dfrac{h}{L_o} = \dfrac{8}{126.4} = 0.0633$

$L/L_o = 0.59, \ L = 0.59 \times 126.4 = 74.7\mathrm{m}$

$h/L = 0.1071, \ \coth kh = \coth 0.673 = 1.704$

$\delta_o = \pi \times 3^2 \times \dfrac{1.704}{74.7} = 0.645\mathrm{m}$

$p_1 = (2.50 + 1.03 \times 8) \times \dfrac{3.0 + 0.645}{8.0 + 3.0 + 0.645} = 3.36 \mathrm{tf/m^2}$

$p_2 = \dfrac{1.03 \times 3}{\cosh 0.673} = 2.50 \mathrm{tf/m^2}$

Sainflou식

$$\therefore P = \frac{h}{2}(p_1 + p_2) + \frac{1}{2}(H + \delta_o)p_1$$

$$= \frac{8}{2}(3.36 + 2.5) + \frac{1}{2}(3 + 0.645) \times 3.36 = 29.56 \mathrm{tf/m}$$

부분쇄파압 식

$$\therefore P_H = \frac{1}{2}\left[\left(\frac{p_1}{H + \delta_o} \right)\left(\frac{H}{2} + \delta_o \right)^2 \right.$$

$$\left. + \left\{ 2p_2 + \frac{(p_1 - p_2)}{h}\left(h - \frac{H}{2} \right) \right\}\left(h - \frac{H}{2} \right) \right] + 1.5 w_o H^2$$

$$= 0.5 \times (4.24 + 37.04) + 13.91 = 34.55 \mathrm{tf/m}$$

그림 5.1.1(c)의 쇄파압과 (d)의 충격쇄파압에 관해서는 이론적인 취급이 곤란하여 실험 및 경험에 근거한 식이 넓게 사용되고 있다. 그중 하나가 Hiroi식(Hiroi, 1920)으로 직립제에 작용하는 쇄파의 파압이 해저로부터 해면까지 파압이 일정하게 분포한다고 가정하여 다음과 같은 쇄파 파압(wave breaking pressure) 식을 제안했다.

$$p = 1.25 w_o H \tag{5.3.1}$$

여기서, p는 직립제 전면에 작용하는 파압이며, H는 직립제 설치 위치에서의 입사파 파고이다. 그림 5.3.1에 나타내듯이 이 파압은 방파제의 천단이 $1.25H$보다 낮을 때에는 해저에서 천단까지 일정하게 작용하고, 천단고가 $1.25H$보다 클 때에는 해저에서부터 $1.25H$까지 일정하게 작용한다. 실제로 파압은 정수면 근방에서 최대로 되고, 아래로 향하면서 감소하기 때문에 식 (5.3.1)로 산정한 파압은 실제와는 다르지만, 방파제 벽 전체에 작용하는 전체 파압을 면적으로 평균한 파압이 식 (5.3.1)의 값과 잘 일치하고 있기 때문에 현재에도 자주 사용된다.

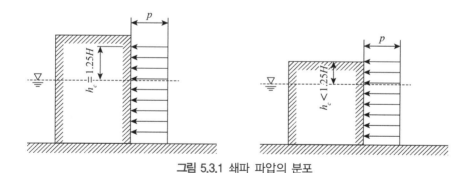

그림 5.3.1 쇄파 파압의 분포

쇄파에 의한 수면 부근의 강한 충격력을 고려한 Minikin식(Minikin, 1950)이 제안되었다. Minikin은 유럽 각지에서의 파압의 측정 결과나 충격압에 관한 Bagnold(1939)의 실험값을 이용하여 쇄파에 의한 충격쇄파압의 파압은 다음과 같이 주어진다(그림 5.4.1).

$$p_m = 102.4 w_o d \left(1 + \frac{d}{h}\right) \frac{H}{L} \tag{5.4.1}$$

이것은 정수면에서 작용하며 분포형으로써 다음 식을 가정한다.

$$p_y = p_m \left(1 - \frac{2|y|}{H}\right)^2 \tag{5.4.2}$$

여기서, y는 정수면에서 연직 상향으로 측정한 거리이며, $H/20 \sim H/2$의 값을 취하고, d는 제체 직립부의 수심, h는 제체 전면의 수심, H와 L은 수심 h의 파고와 파장이다. 파압으로서는 다음의 정수압이 추가된다.

$$p_s = w_o \left(\frac{H}{2} - y\right) \ \text{(정수면 위)}$$
$$p_s = \frac{w_o H}{2} \qquad \text{(정수면 아래)} \tag{5.4.3}$$

y는 정수면에서 연직 상향으로 측정한 거리이며, $0 \sim \dfrac{H}{2}$의 값을 취한다. 따라서 파력은 다음과 같다.

$$P = \frac{p_m H}{2} + \frac{\rho g H}{2}\left(d + \frac{H}{4}\right) \tag{5.4.4}$$

Mitsuyasu에 의하면, 충격쇄파압이 발생하는 마운드 위의 수심 d는 다음과 같다.

$$\frac{d}{H_o} = (0.59 - 3.2\tan\beta)\left(\frac{H_o}{L_o}\right)^{-1/4}$$

(5.4.5)

여기서, H_o는 심해파의 파고, L_o는 심해파의 파장, $\tan\beta$는 해저경사이다.

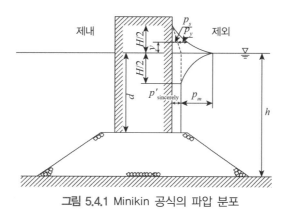

그림 5.4.1 Minikin 공식의 파압 분포

예제 5.3

심해의 파고가 $H_o = 3m$, 주기가 $T = 8s$인 파가 충격쇄파압을 일으키는 수심을 그림을 통하여 계산하시오. 또 충격쇄파압이 일어나는 해저경사를 구하여라.

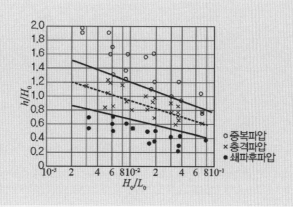

일본에서는 Sainflou의 간략식과 Hiroi공식을 조합한 부분쇄파압의 공식을 사용해왔다(그림 5.4.2). 이것은 입사파가 불규칙하기 때문에 중복파를 형성하기도 하고 쇄파하기도 하여 그 상태에 상당하는 파압이 작용하기 때문이다. 전체 수평파력 P_H는 파압을 적분한 것으로,

$$P_H = \frac{1}{2}\left[\frac{p_1}{H + \delta_o}\left(\frac{H}{2} + \delta_o\right)^2 + \left\{2p_2 + \frac{p_1 - p_2}{h}\left(h - \frac{H}{2}\right)\right\}\left(h - \frac{H}{2}\right)\right] + 1.5w_o H^2 \tag{5.4.6}$$

로 된다. 월파가 발생하지 않을 때의 양압력은 제체 전면 하단에 작용하는 압력이 p_u 이고, 제체 뒷면 하단에서는 0인 삼각형 분포(그림 5.2.3 참조)가 된다고 고려하여 $p_u = 1.25w_o H$를 이용한다.

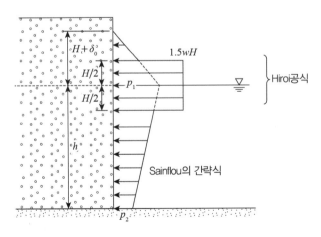

그림 5.4.2 부분파쇄압

예제 5.4

수심 8m의 지점에 1.5m를 사석으로 하고 그 위에 직립방파제를 계획하고 있다. 직립 방파제에 주기 10초, 파고 4.0m의 파에 의한 충격파압을 Minikin 공식을 사용하여 계산하여라($\rho g = w_0 = 1.03\text{tf/m}^3$).

풀이 $L = 1.56 \times 10^2 \times \tanh(2\pi \times 8/L)$, $L = 83.777\text{m}$

$$p_m = 102.4 \times \rho g \times d\left(1 + \frac{d}{h}\right) \times \frac{H}{L}$$

$$= 102.4 \times 1.03 \times 6.5 \times \left(1 + \frac{6.5}{8}\right) \times \frac{4}{83.777} = 59.32\text{tf/m}$$

예제 5.5

$h = 20\text{m}$, $d = 16\text{m}$의 직립 방파제에 주기 10초, 파고 8.0m의 파에 의한 호안 법선 방향 1m당 충격압을 minikin공식을 사용하여 계산하고 정수압과 비교하여라($\rho g = w_o = 1.0\text{tf/m}^3$).

풀이 $L = 1.56 \times 10^2 \times \tanh(2\pi 20/L) \Rightarrow L = 121.17\text{m}$

충격압은

$$p_m = 102.4\rho g d\left(1 + \frac{d}{h}\right)\frac{H}{L} = 102.4 \times 1.0 \times 16\left(1 + \frac{16}{20}\right) \times \left(\frac{8}{121.17}\right)$$

$$= 194.709\text{tf/m}^2$$

정수압($y = 0$)

$$p_s = \rho g\left(\frac{H}{2} - y\right) = 1.0 \times \frac{8}{2} = 4.0\text{tf/m}^2$$

호안법선 방향 1m당 충격압은

$$P = \frac{p_m H}{2} + \frac{\rho g H}{2}\left(d + \frac{H}{4}\right) = \frac{194.709 \times 8}{2} + \frac{1.0 \times 8}{2}\left(16 + \frac{8}{4}\right)$$

$$= 850.836\text{tf}$$

한편, $d = 0$에서 1m당 정수압은 $w_0 h = 16\text{tf/m}^3$

$$P = \frac{1}{2} \times 16 \times 16 \times 1 = 128\text{tf}$$

지금까지 고려한 파압은 쇄파 전 또는 쇄파 시 연직벽에 작용하는 것이지만, 여기서는 쇄파 후의 파에 의한 파압 산정방법을 설명한다.

5.5.1 직립벽이 수몰되어 있는 경우

구조물이 해수 속에 잠겨 있는 경우의 파압은 정적과 동적 성분으로 나눌 수 있다. 동적 성분은 쇄파한 정수면 위의 수괴(水塊)가 쇄파점에서의 파속 그대로 벽면에 충돌하는 것으로 산정하고 다음과 같이 된다(그림 5.5.1 참조).

$$p_m = \frac{w_o h_b}{2} \tag{5.5.1}$$

여기서, $w_o = \rho g$이며 이 파압은 정수면에서 천단고 h_c까지 일정하게 작용한다고 가정하면, 파력 P_m은 다음 식과 같이 주어진다.

$$P_m = \frac{w_o h_b h_c}{2} \tag{5.5.2}$$

여기서, $h_c = 0.78 H_b$이며 H_b는 쇄파파고이다. 정적 성분은 이 쇄파 상태의 파가 벽(壁)에 도달하는 것으로 가정했을 때의 정수압과 같다[$p_s = w_o(h_s + h_c)$]. 벽의 하단에는 정수압이 작용하고, 해면은 정수면 위 h_c의 장소이기 때문에 파력 P_s는 다음과 같다.

$$P_s = \frac{w_o(h_s + h_c)^2}{2} \tag{5.5.3}$$

여기서, h_s는 벽이 설치되어 있는 장소의 수심이다. 따라서 전체 파력 P는 P_m과 P_s를 더하여 다음과 같이 된다.

$$P = \frac{w_o}{2}\left\{h_b h_c + (h_s + h_c)^2\right\}$$ (5.5.4)

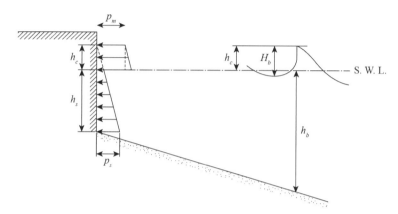

그림 5.5.1 쇄파 후의 파압(구조물이 해수 속에 수몰되어 있는 경우)

5.5.2 직립벽이 육지에 설치되어 있는 경우

구조물이 정선에서 육지 쪽에 있는 경우도 동적 성분과 정적 성분이 작용한다. 동적 파압 p_m과 파력 P_m은 다음과 같이 된다.

$$p_m = \frac{w_o h_b}{2}\left(1 - \frac{x_1}{x_2}\right)^2$$

$$P_m = \frac{w_o h_b h_c}{2}\left(1 - \frac{x_1}{x_2}\right)^3$$ (5.5.5)

게다가 벽 하단에 작용하는 정수압 $p_s = w_o h'$으로 되기 때문에 정적 파력은 다음과 같다.

$$P_s = \frac{w_o h_c^2}{2}\left(1 - \frac{x_1}{x_2}\right)^2$$ (5.5.6)

따라서 전체 파력 P는 P_m과 P_s의 합으로 다음과 같이 나타낼 수 있다.

$$P = \frac{w_o h_c}{2}\left(1 - \frac{x_1}{x_2}\right)^2 \left\{ h_b\left(1 - \frac{x_1}{x_2}\right) + h_c \right\}$$ (5.5.7)

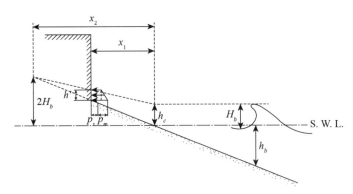

그림 5.5.2 쇄파 후의 파압(구조물이 육지에 설치되어 있는 경우)

불규칙파의 파압

5.6.1 파압 계산식

현지의 방파제에 대한 설계파로서 규칙파를 대상으로 하면, 쇄파점에서 먼 바다 쪽에서는 중복파압, 쇄파점에서는 쇄파압, 쇄파점에서 해안 쪽에서는 쇄파 후의 파압이 작용한다. 이것에 대응할 수 있는 파압의 값이 불연속으로 된다. 실제로 파는 불규칙하고 파고에 의해서 구조물 전면에서 중복파를 형성하기도 하며 쇄파로 된다. 이들의 불연속을 해소하기 위하여 Goda(1973) 는 실험 결과를 참조하여, 구조물의 하부가 사석제이고 그 위에 직립제가 설치된 혼성제 (composite breakwater)에 대해서, 중복파 영역에서 쇄파 영역까지 연속하여 나타낼 수 있는 파압 계산식을 제안했다. 또 파가 경사로 입사하는 경우에도 적용할 수 있도록 파의 입사각 α(방파 제의 수선과 파향이 이루는 각)도 고려하였으며, 혼성제에 대한 파의 불규칙성을 고려한 파압

모델로서 우리나라에서는 Goda의 파압식이 넓게 사용되고 있다.

입사파의 유의파 파고 $H_{1/3}$, 유의파 주기 $T_{1/3}$로 하면, 이 모델에서는 제체가

(a) 쇄파대 외에 있는 경우(수심이 깊은 곳)는 제체의 설치 수심에서 불규칙파의 최대파
$$H_{\max} = 1.8 H_{1/3}$$

(b) 쇄파대 내에 있는 경우(수심이 얕은 곳)는 방파제 전면에서 먼 바다 쪽으로 $5H_{1/3}$만큼 떨어진 지점(h_b)에서의 $H_{\max}$ 또는 H_b의 파압을 이용한다. $H_{\max}$ 및 $H_{1/3}$에 대해서는 다음의 근사식이 주어지고 있다.

$$H_{1/3} = \begin{cases} K_s H_o, & h/L_o \geq 0.2 \\ \min\left\{(\beta_0 H_o' + \beta_1 h),\ \beta_{\max} H_o',\ K_s H_o'\right\}, & h/L_o < 0.2 \end{cases} \tag{5.6.1}$$

$$H_{\max} \equiv H_{1/250} = \begin{cases} 1.8 K_s H_o, & h/L_o \geq 0.2 \\ \min\left\{(\beta_0^* H_o' + \beta_1^* h),\ \beta_{\max}^* H_o,\ 1.8 K_s H_o'\right\}, & h/L_o < 0.2 \end{cases} \tag{5.6.2}$$

여기서, $\min(a, b)$는 둘 중에 작은 값을 취하는 것을 의미하며, K_s는 천수계수, L_o는 $T_{1/3}$에 대응하는 심해파 파장, H_o'은 환산심해파 파고, 식 (5.6.1)과 식 (5.6.2)의 β는 표 5.6.1에 나타낸다. 표 5.6.1에서의 $\tan\theta$는 해저경사를 의미한다. 최대파의 주기로서 $T_{\max} = T_{1/3}$로 한다.

표 5.6.1 β의 값[식 (5.6.1)과 식 (5.6.2)]

$H_{1/3}$	$H_{\max}$
$\beta_0 = 0.028\left(\dfrac{H_o'}{L_o}\right)^{-0.38} \exp\left(20\tan^{1.5}\theta\right)$	$\beta_0^* = 0.052\left(\dfrac{H_o'}{L_o}\right)^{-0.38} \exp\left(20\tan^{1.5}\theta\right)$
$\beta_1 = 0.52\ \exp\left(4.2\tan\theta\right)$	$\beta_1^* = 0.63\ \exp\left(3.8\tan\theta\right)$
$\beta_{\max} = \max\left\{0.92,\ 0.32\left(\dfrac{H_o'}{L_o}\right)^{-0.29} \exp\left(2.4\tan\theta\right)\right\}$	$\beta_{\max}^* = \max\left\{1.65,\ 0.53\left(\dfrac{H_o'}{L_o}\right)^{-0.29} \exp\left(2.4\tan\theta\right)\right\}$

파압 분포는 정수면에서 높이 η^*에서 0이고, 정수면에서 p_1 및 기초지반면에서 p_2로 이루어지는 3점을 연결한 직선으로 주어진다. 단 제체의 천단보다 위에서는 0으로 된다. 나아가 p_1과

p_2를 연결한 직선 마운드면과의 교점에서 압력을 p_3는 각각 다음과 같이 주어진다.

$$\eta^* = 0.75(1 + \cos\theta)\lambda_1 H_{\max} \tag{5.6.3}$$

$$p_1 = \frac{1}{2}(1 + \cos\theta)(\alpha_1\lambda_1 + \alpha_2\lambda_2\cos^2\theta)w_0 H_{\max} \tag{5.6.4}$$

$$p_2 = \frac{p_1}{\cosh(2\pi h/L)} \tag{5.6.5}$$

$$p_3 = \alpha_3 p_1 \tag{5.6.6}$$

여기서, θ는 방파제 전면의 법선과 입사파의 방향과 이루는 각, λ_1과 λ_2는 각각 제체 전면에 소파블록 피복 등을 설치한 경우 제체에 작용하는 파압의 보정계수 및 구조 형식에 관한 보정계수로 표준형은 $\lambda_1 = 1$, $\lambda_2 = 1$이다. L은 수심 h에서의 $T_{1/3}$에 대응하는 파장이며 α_1, α_2, α_3는 각각 다음과 같다.

$$\alpha_1 = 0.6 + \frac{1}{2}\left\{\frac{4\pi h/L}{\sinh(4\pi h/L)}\right\}^2 \tag{5.6.7}$$

$$\alpha_2 = \min\left\{\frac{h_b - d}{3h_b}\left(\frac{H_{\max}}{d}\right)^2, \frac{2d}{H_{\max}}\right\} \tag{5.6.8}$$

$$\alpha_3 = 1 - \frac{h'}{h}\left\{1 - \frac{1}{\cosh(2\pi h/L)}\right\} \tag{5.6.9}$$

여기서, h는 마운드 선단부에서의 수심, h'은 방파제 하면에서의 수심, h_b는 방파제 전면에서 $5H_{1/3}$만큼 떨어진 먼 바다 쪽에서의 수심이다. 월파의 유무와 상관없이 방파제의 부력은 정수면 아래의 방파제에 작용하고, 양압력은 방파제 전면 하단에서 p_u, 방파제 배면 하단에서 0이 되는 삼각형 분포를 형성한다. 양압력은 다음 식으로 주어진다.

$$p_u = \frac{1}{2}(1 + \cos\theta)\alpha_1\alpha_3 w_o H_{\max} \tag{5.6.10}$$

따라서 파압 분포가 그림 5.6.1과 같이 나타날 때에는 방파제 직립부에 작용하는 전체 수평파력 P와 전체 양압력 U는 각각 다음 식 (5.6.11), (5.6.12)로 주어진다.

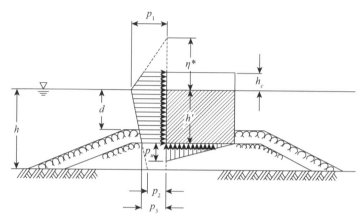

그림 5.6.1 혼성방파제에 작용하는 파압

$$P = \frac{1}{2}(p_1 + p_4)h_c + \frac{1}{2}(p_1 + p_3)h' \tag{5.6.11}$$

$$U = \frac{1}{2}p_u B \tag{5.6.12}$$

여기서, $p_4 = p_1\left(1 - h_c/\eta^*\right)$이다.

5.6.2 파향에 대한 파압의 보정

중복파의 파압은 제체 전면의 수위 변화에 따라서 변화하기 때문에, 제체에 경사로 파가 입사하는 것에 의해서 파압의 감소효과를 고려하지 않는다. 그러나 쇄파의 파압은 분류의 동수압으로서 성격이 강하기 때문에, 다음 식에 의해 제체에 작용하는 파압의 감소를 고려한다.

$$p = 1.5w_o H\cos^2\theta \tag{5.3.1}$$

여기서, θ는 제체에 대한 수선과 입사파의 방향과 이루는 각도로 파향의 추정오차나 파의 방향 분산 효과를 고려하여 그림 5.6.2와 같이 주방향에서 ±15°의 범위 내에서 가장 수선에 가까운 방향으로 한다.

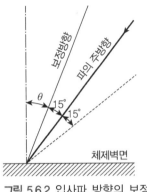

그림 5.6.2 입사파 방향의 보정

예제 5.6

수심 12m의 지점에 $h' = 8$m, $d = 6.5$m, $h_c = 4.0$m의 혼성 방파제에 환산 심해파 파고 $H_o' = 6$m, 유의파 주기 $T_{1/3} = 11$sec의 파가 파향 $\theta = 15°$로 입사할 때 전체 수평파력을 계산하여라(해저경사는 1/100, 제체폭 $B = 15.0$m).

풀이 $L_o = 1.56 \times 11^2 = 188.8$

$\dfrac{h}{L_o} = \dfrac{12}{188.8} = 0.0636$

$\dfrac{H_o'}{L_o} = \dfrac{6}{188.8} = 0.0318$

$H_{1/3} \fallingdotseq 5.5$m $(\beta_0 = 0.1038,\ \beta_1 = 0.520,\ \beta_{max} = 0.92,\ K_s = 1.08)$

$H_{max} \fallingdotseq 8.7$m $(\beta_0^* = 0.1928,\ \beta_1^* = 0.630,\ \beta_{max}^* = 1.65)$

$h_b = 12.0 + 5 \times 5.5/100 = 12.27$m

파압의 작용 높이

$\eta^* = 0.75 \times (1 + \cos 15°) \times 8.7 = 12.82$m

파압계수

$$L = 1.56 \times 11^2 \times \tanh(2\pi 12/L) \implies L = 111.32\text{m}$$

$$k = 2\pi/L = 2\pi/111.32 = 0.0564, \ kh = 0.0564 \times 12 = 0.676$$

$$\alpha_1 = 0.6 + \frac{1}{2}\left(\frac{2 \times 0.676}{\sinh(2 \times 0.676)}\right)^2 = 0.881$$

$$\alpha_2 = \min\left\{\frac{12.82 - 6.5}{3 \times 12.82} \times \left(\frac{8.7}{6.5}\right)^2, \ \frac{2 \times 6.5}{8.7}\right\} = \min(0.294, \ 1.494) = 0.294$$

$$\alpha_3 = 1 - \frac{8}{12} \times \left(1 - \frac{1}{\cosh 0.676}\right) = 0.872$$

파압강도

$$p_1 = 0.5 \times (1 + \cos 15°) \times (0.881 + 0.294 \times \cos^2 15°) \times 1.03 \times 8.7 = 10.26\text{tf/m}^2$$

$$p_2 = \frac{10.16}{\cosh 0.676} = 8.29\text{tf/m}^2$$

$$p_3 = 0.872 \times 10.26 = 8.94\text{t/m}^2$$

$$p_4 = 10.26 \times (1 - 4.0/12.82) = 7.05\text{tf/m}^2$$

$$p_u = 0.5 \times (1 + \cos 15) \times 0.881 \times 0.872 \times 1.03 \times 8.7 = 6.76\text{tf/m}$$

전체 수평파력(수평파력의 합력)

$$P = 0.5 \times [(p_1 + p_3) \times h' + (p_1 + p_4)h_c]$$
$$= 0.5 \times [(10.26 + 8.94) \times 8.0 + (10.26 + 7.05) \times 4.0] = 111.42\text{tf/m}$$

전체 양압력(연직력, 부력)

$$U = \frac{1}{2} \times 6.76 \times 15.0 = 50.7\text{tf/m}$$

예제 5.7

파압 계산에 필요한 각종 파라미터는 다음과 같다. Goda식을 사용하여 전수평파력과 양압력합력과 파력모멘트와 후단 주변의 모멘트를 구하여라.

$H_{\max} = 10.0\text{m}, \ H_{1/3} = 5.8\text{m}, \ T = 12s$, 입사각 15°로 내습, B(제체폭) $= 15.0\text{m}$

$h = 10.0\text{m}, \ h' = 7.0\text{m}, \ d = 10 - 4.5 = 5.5\text{m}, \ h_c = 3.5\text{m}, \ h_b = 9.2\text{m}$

$$L_o = 1.56 \times T^2 = 1.56 \times 12^2 = 224.64 \text{m}$$

$$L = 1.56 \times 12^2 \tanh(2\pi 10/L) \Rightarrow L = 113.24\text{m}, \quad k = 2\pi/L = 2\pi/113.2 = 0.055$$

$$kh = 0.055 \times 10 = 0.55, \quad w_0(\rho g) = 1.03\text{tf/m}^3$$

파압계수

$$\alpha_1 = 0.939, \quad \alpha_2 = \min(0.44, \ 1.1) = 0.44, \quad \alpha_3 = 0.96$$

파압의 작용높이

$$\eta^* = 0.75 \times (1 + \cos 15°) \times 10 = 14.74\text{m}$$

파압강도

$$p_1 = 13.66\text{tf/m}^2$$

$$p_2 = 11.82\text{tf/m}^2$$

$$p_3 = 13.11\text{tf/m}^2$$

$$p_4 = p_1 \times (1 - h_c/\eta^*) = 10.41\text{tf/m}^2$$

양압력

$$p_u = 1/2 \times (1 + \cos 15) \times 0.939 \times 0.44 \times 1.03 \times 10 = 4.18\text{tf/m}^2$$

전 수평파압 합력과 제체 하단 주위의 파력모멘트

$$P = \frac{1}{2}(p_1 + p_4)h_c + \frac{1}{2}(p_1 + p_3)h'$$

$$= 0.5(13.66 + 11.82)3.5 + 0.5(13.66 + 13.11)7 = 138.285\text{tf/m}^2$$

$$M_P = 1/6(p_1 + 2p_4)h_c^2 + 1/2(p_1 + p_4)h'h_c + 1/6(2p_1 + p_3)(h')^2 = 645.14\text{tf} \cdot \text{m/m}$$

양압력 합력과 양압력 제체 후단 주변의 모멘트

$$U = \frac{1}{2}p_u B = 0.5 \times 4.18 \times 15 = 31.35\text{tf/m}$$

$$M_u = 2/3\,UB = 1/3p_u B^2 = 2/3 \times 31.35 \times 15 = 313.5\text{tf} \cdot \text{m/m}$$

5.7.1 경사면 위의 피복재 소요 중량

사석(rubble stone)을 이용한 방파제는 파의 에너지가 사석 경사면 위에서 소모되기 때문에 사석 사이의 간극 내로 유입한 흐름이나 수괴 그 자체에 의해 사석에 양력이 작용하고 실중량이 저하하여 활동하기 쉽게 된다. 그 때문에 단면을 구성하고 있는 사석이 파랑에 의해 이동하지 않고, 안정하기 위하여 필요한 중량의 결정이 중요하다.

그림 5.7.1에 나타내듯이 사석(블록) 1개에 작용하는 양력 F_L의 작용면적 A는, 사석의 공중 중량 W, 또 그 단위체적중량을 w_r로 하면, $A \propto (W/w_r)^{2/3}$로 쓸 수 있다. 양력 F_L이 입사파고의 정수압에 비례한다고 고려하면,

$$F = k'w_o AH = kw_o H\left(\frac{W}{w_r}\right)^{2/3}$$

(5.7.1)

으로 된다. 여기서, H는 경사면 시작점 앞에서의 파고, w_o는 해수의 단위 체적 중량, k'과 k는 비례정수, α는 경사면과 해수면이 이루는 각도이다.

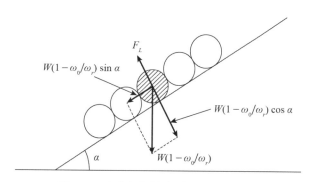

F_L

$W(1 - \omega_0/\omega_r)\sin\alpha$

$W(1 - \omega_0/\omega_r)\cos\alpha$

α

$W(1 - \omega_0/\omega_r)$

그림 5.7.1 파경사면 위의 사석에 작용하는 파력

경사면 위의 사석의 활동한계 조건은 다음 식으로 주어진다.

$$W\left(1 - \frac{w_o}{w_r}\right)\sin\alpha = \mu\left\{W\left(1 - \frac{w_o}{w_r}\right)\cos\alpha - kw_0 H\left(\frac{W}{w_r}\right)^{2/3}\right\} \tag{5.7.2}$$

여기서, μ는 사석 사이의 마찰계수이다. 식 (5.7.2)에서 안정에 필요한 사석의 최소한의 중량을 준다. Iribarren의 식 (5.7.3)이 유도된다.

$$W = \frac{K\mu^3 w_r H^3}{\left(\dfrac{w_r}{w_o} - 1\right)^3 (\mu\cos\alpha - \sin\alpha)^3} \tag{5.7.3}$$

여기서, $K(= k^3)$는 실험에 의해서 결정되는 계수이다. Hudson(CERC, 1983)은 광범위한 실험 결과를 이용하여, Iribarren의 식보다 적용성이 뛰어난 식 (5.7.4)를 제안했다.

$$W = \frac{w_r H^3}{K_D\left(\dfrac{w_r}{w_o} - 1\right)^3 \cot\alpha} \tag{5.7.4}$$

여기서, K_D는 안정계수(stability factor)로 부르며, 사석이나 블록의 형상과 설치 상태 등에 의해서 다르기 때문에 실내실험에 의해서 결정된다. 이 경우 파에 의해서 낙하 또는 활동한 사석 또는 블록 수와 정수면 위 파고 H의 상하 구간의 블록 개수의 비 또는 사면 전체를 구성하는 개수에 대해서 이동한 개수의 비로 정의되는 피해율은 K_D의 값에 관계한다. 피해율이 0~1%일 때 K_D의 값은 사석에서는 2~5, 블록에서는 5~20이다. 현지의 불규칙파에 대해서 유의파를 이용하여 실험으로 산정한 중량이 안정하다고 말하고 있다. 피해율을 약간 크게 견적할 때의 안정계수에 관해서는 표 5.7.1에 나타내고 있다. 표 속의 H^*은 피해율 0~1%일 때의 파고이다.

표 5.7.1 피해율과 안정계수(Hudson, 1959)

피해율(%)	H/H^*	K_D
0~1	1.00	3.2
1~5	1.18	5.1
5~15	1.33	7.2
10~20	1.45	9.5
15~40	1.60	12.8
30~60	1.72	15.9

이 Hudson식은 현재에도 자주 이용되고 있으며 방파제나 파랑 조건이 엄한 해역의 케이슨 전면에 설치되는 테트라포트로 대변되는 콘크리트 이형블록으로 피복되는 볼록제의 중량산정 에도 이용되고 있다. 식 (5.7.4) 속의 K_D에 관해서는 사석이나 블록의 종류(그림 5.7.2) 및 쌓는 방법에 의해 다르며, 표 5.7.2와 같은 값을 제안하고 있다.

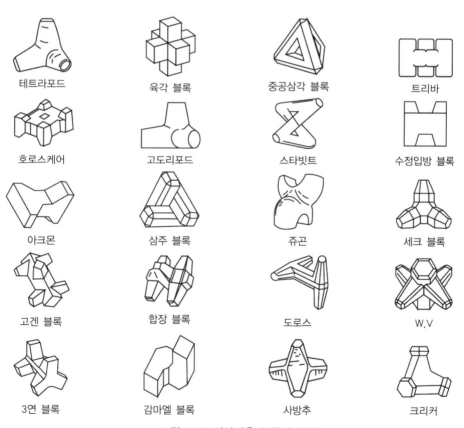

테트라포드	육각 블록	중공삼각 블록	트리바
호로스케어	고도리포드	스타빗트	수정입방 블록
아크몬	삼주 블록	쥬곤	세크 블록
고겐 블록	합장 블록	도로스	W.V
3연 블록	감마엘 블록	사방추	크리커

그림 5.7.2 경사제용 블록의 종류

표 5.7.2 K_D값

명칭	K_D의 값				층수	쌓는 법
	제간부(堤幹部)		제두부(堤頭部)			
	쇄파	비쇄파	쇄파	비쇄파		
둥근 돌	2.5	2.6	2.0	2.4	2	난적
	3.0	3.2		2.9	>3	난적
각진 돌	2.3	2.9	2.0	2.3	1	난적
	3.0	3.5	2.7	2.9	2	난적
	4.0	4.3		3.8	>3	난적
수정입방블록	7.0	7.5		5.0	2	난적
테트라포트	8.3			10.2	2	난적
아크몬	5.5				2	난적
중공삼각블록	7.6					난적
육각블록	7.2			8.1	2	난적
호로스케어	13.6					정적

또한 Brebner와 Donnelly(1963)는 안정계수 K_D를 사용하여 안정수(Stability number) N_s를 도입하여 다음 식을 제안하고 있다.

$$W = \frac{w_r H^3}{N_s^3 (w_r/w_o - 1)^3} \tag{5.7.5}$$

여기서, $N_s = (K_D \cot\alpha)^{1/3}$을 이용한다. 또 Isbash(1935)는 파고를 이용한 Hudson식과는 달리 유속을 이용한 피복재의 질량 M의 산정식을 제안했다.

$$M = \frac{\pi w_r u^6}{48 g^3 y_d^6 (W - r/w_o - 1)^3 (\cos\alpha - \sin\alpha)^3} \tag{5.7.6}$$

여기서, u는 피복재 위의 유속, y_d는 Isbash 정수로 피복재가 노출되어 있으면 0.86, 노출되어 있지 않으면 1.20을 이용하는 것이 일반적이다.

예제 5.8

법면 경사 1 : 1.3의 소파공을 설계 파고 5m에 대해 피해율 0으로 계획하고 있다. Hudson식을 사용하여 소파블록의 중량을 계산하여라($K_D = 8.3$, $w_r = 2.3$tf/m^3).

풀이 $W = \dfrac{2.3 \times 5^3}{8.3 \times (2.3/1.03 - 1)^3 \times 1.3} = 14.21$, $W \geq 14.21$tf

예제 5.9

제체 경사 1 : 1.5의 2층 쌓기의 사석제를 계획하고 있다. 설계파고 2.5m에 대해서 피해율 0의 사석중량을 계산하여라($K_D = 3.0$, $w_r/w_o = 2.6$). 소요중량의 75%로 했을 경우 피해율을 추산하여라.

풀이 $W = 2.6 \times 2.5^3 / [3 \times (2.6 - 1)^3 \times 1.5] = 2.20$tf

Hudson식을 H에 관해 고쳐 쓰면

$H = (w_r/w_o - 1) \times (W K_D \cot\alpha / w_r)^{1/3}$

$0.75 W^*$의 경우 파고 H와 H^*와의 비례를 취하면

$H/H^* = (1/0.75)^{1/3} = 1.10$

피해율은 3.2% 정도 될 것이다.

예제 5.10

법면 경사 1 : 2의 2층으로 쌓은 사석제에서 설계파고 3.0m, 피해율 0%일 때의 중량을 구해라. 또 피해율 1~5%로 되는 파고와 소요중량 W^*의 80%의 사석을 사용했을 때의 피해율을 산정하시오($K_d = 4.0$, $w_r/w_o = 2.6$, Hudson식 사용).

풀이 $W = \dfrac{2.6 \times 3.0^3}{4 \times (2.6 - 1)^3 \times 2} = 2.14$tf

피해율 1~5%의 H/H^*의 값은 1.18이기 때문에 피해파고는

$H = 1.18 H^* = 1.18 \times 3.0 = 3.54$m

Hudson식을 변형하면

$$H = \left(\frac{w_r}{w_0} - 1\right)\left(\frac{WK_D\cot\alpha}{w_r}\right)^{1/3}$$

소요중량의 80%인 $0.8W^*$일 때의 파고비는

$$\frac{H}{H^*} = \left(\frac{W^*}{W}\right)^{1/3} = \left(\frac{1}{0.8}\right)^{1/3} = 1.08$$

따라서 표로부터 피해율은 3% 정도 될 것이다.

예제 5.11

사석(각진 돌)을 이용하여 1층 난적으로 쌓은 경사제(1 : 1)에 파고 3m, 주기 8초의 파가 제제에 직각으로 작용하는 것을 고려하여 제체의 중량을 구하시오(해저경사는 1/50, 제각수심을 5m, 사석중량은 2.6으로 한다.

풀이 $L_o = 1.56 \times 8^2 = 99.84\text{m}$, $L = 1.56 \times 8^2 \times \tanh\left(\frac{2\pi5}{L}\right) \Rightarrow L = 53.05\text{m}$

$k = 2\pi/L = 2\pi/53.05 = 0.1184$, $kh = 0.1184 \times 5 = 0.5921$

$$K_s = \left[\left\{1 + \frac{2kh}{\sinh 2kh}\right\}\tanh kh\right]^{-1/2}$$

$$= \left[\left\{1 + \frac{2 \times 0.5921 \times 5}{\sinh(2 \times 0.5921 \times 5)}\right\}\tanh 0.5921\right]^{-1/2} = 1.022$$

$H/H_o = K_s \Rightarrow H_o = H/K_s = 3/1.022 = 2.93\text{m}$

$\cos\theta = 50/\sqrt{(1^1 + 50^2)} = 0.9998$

$$h_b = \frac{1}{g^{1/5}\gamma^{4/5}}\left(\frac{H_o^2 C_o \cos\theta_0}{2}\right)^{2/5}$$

$$= \frac{1}{(9.81)^{1/5} \times (0.827)^{4/5}}\left(\frac{(2.93)^2(12.48)(0.9998)}{2}\right)^{2/5} = 3.6\text{m}$$

※ h_b는 실제값보다 20% 적음 $3.6/0.8 = 4.5\text{m}$

   $h_b(= 3.6\text{m}) < h(= 5\text{m})$이므로 제체의 위치는 비쇄파

   제간부에서 $K_D = 2.9$

$$W = \frac{2.6 \times 3^3}{2.9 \times (2.6 - 1)^3 \times 1.0} = 5.9\text{tf}$$

5.8 파의 처오름 높이

파가 해안 구조물이나 사면에 작용하면 물 입자가 소상하여 높이 올라간다. 이 물 입자의 도달 높이는 구조물의 천단고를 결정할 때 매우 중요하다. 이 처올림 높이(wave runup)의 현상은 입사파의 특성, 구조물의 형상, 설치 위치, 해저경사, 조도, 투수성 등에 영향을 받는다.

5.8.1 사면이 물에 잠겨 있는 경우

사면이 물속에 잠겨 있는 경우로서 입사파가 완전히 반사할 때 Miche(1951)에 의한 사면으로의 처올림 높이는 다음 식과 같다.

$$\frac{R}{H_o{}'} = \sqrt{\frac{\pi}{2\alpha}}\, K_s \tag{5.8.1}$$

여기서, R은 파의 처올림 높이, α는 사면과 해저면이 이루는 각(라디안), $H_o{}'$는 환산심해파 파고, K_s는 천수계수이다. 입사파가 사면에서 완전히 반사하기 위해서는 $\alpha \geq \alpha_c$라는 조건을 만족해야 한다. α_c(사면 한계경사각)는 다음 식으로 구할 수가 있다.

$$\sqrt{\frac{2\alpha_c}{\pi}}\, \frac{\sin^2\alpha_c}{\pi} = \frac{H_o{}'}{L_o} \tag{5.8.2}$$

Takada(1970 a, b)는 Miche의 식을 참고로 하여 다음 식을 제안하였다.

$$\left.\begin{array}{ll} \dfrac{R}{H_o{}'} = \left(\sqrt{\dfrac{\pi}{2\alpha}} + \dfrac{h_o}{H}\right)K_s & (\alpha > \alpha_c) \\[3mm] \dfrac{R}{H_o{}'} = \left(\sqrt{\dfrac{\pi}{2\alpha_c}} + \dfrac{h_o}{H}\right)K_s\left(\dfrac{\cot\alpha_c}{\cot\alpha}\right)^{2/3} & (\alpha < \alpha_c) \end{array}\right\} \tag{5.8.3}$$

여기서, H는 제각수심 d에서의 입사파고, h_0는 다음 식으로 주어진다.

$$\frac{h_o}{H} = \frac{\pi H}{L}\coth\left(\frac{2\pi h}{L}\right)\left\{1 + \frac{3}{4\sinh^2(2\pi h/L)} - \frac{1}{4\cosh^2(2\pi h/L)}\right\} \tag{5.8.4}$$

최대 처올림 높이는 $\alpha = \alpha_c$일 때 발생한다. 또 Hunt(1958)는 $\alpha < \alpha_c$인 경우에 다음 식을 제안하고 있다.

$$\frac{R}{H_o{'}} = \frac{1.01\tan\alpha}{\sqrt{H_o{'}/L_o}}, \ 0.1 < \frac{\tan\alpha}{\sqrt{H_o{'}/L_o}} < 2.3 \tag{5.8.5}$$

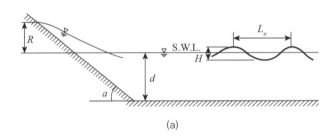

(a)

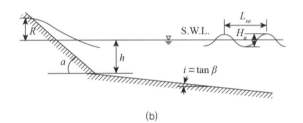

(b)

그림 5.8.1 파의 처올림

예제 5.12

수심 5m의 지점에 사면 경사 1/3의 해안 호안을 계획하고 있다. $H_o{'} = 2.5$m, $T = 9$sec의 파가 입사할 때 처올림 높이를 구하여라.

풀이 $L_o = 1.56 \times 9^2 = 126.36$m, $\dfrac{H_o{'}}{L_o} = \dfrac{2.5}{126.36} = 0.0198$, $\dfrac{h}{L_o} = \dfrac{5}{126.4} = 0.0396$

$\sqrt{\dfrac{2\alpha_c}{\pi}}\dfrac{\sin^2\alpha_c}{\pi} = \dfrac{H_o{'}}{L_o}$, $\sqrt{\alpha_c} \times \sin^2\alpha_c = \dfrac{2.5 \times \pi^{3/2}}{\sqrt{2} \times 126.36} = 0.0779$

By try and error method

$$\sqrt{0.367} \times \sin^2(180 \times 0.367/\pi) = 0.0779$$

※ $1 \times radian = 1 \times 180/\pi \, \mathrm{degree}$, $1 \times \mathrm{degree} = 1 \times \pi/180 \, radian$

$$\alpha_c = 0.367 rad (= 21°) \quad \alpha = \frac{1}{3} = 0.333$$

$$\therefore \alpha_c > \alpha$$

$$L = 1.56 \times 9^2 \times \tanh(2 \times \pi \times 5/L) \Rightarrow L = 60.386 \mathrm{m}$$

$$k = 2\pi/L = 2 \times \pi/60.386 = 0.104, \quad kh = 0.104 \times 5 = 0.520$$

$$K_s = \frac{1}{\sqrt{\tanh kh \times (1 + 2kh/\sinh 2kh)}}$$

$$= \frac{1}{\sqrt{\tanh 0.520 \times (1 + 2 \times 0.520/\sinh 2 \times 0.520)}} = 1.066$$

$$\frac{h_o}{H} = \frac{\pi H}{L} \coth\left(\frac{2\pi h}{L}\right) \left\{ 1 + \frac{3}{4\sinh^2(2\pi h/L)} - \frac{1}{4\cosh^2(2\pi h/L)} \right\}$$

$$= \frac{\pi 2.5}{60.386} \coth\left(\frac{2\pi 5}{60.386}\right) \left\{ 1 + \frac{3}{4\sinh^2(2\pi 5/60.386)} - \frac{1}{4\cosh^2(2\pi 5/60.386)} \right\}$$

$$= 0.9018$$

$$\frac{R}{H_o'} = \left(\sqrt{\frac{\pi}{2\alpha_c}} + \frac{h_o}{H} \right) K_s \left(\frac{\cot\alpha_c}{\cot\alpha} \right)^{2/3}$$

$$= \left(\sqrt{\frac{\pi}{2 \times 0.367}} + 0.9018 \right) \times 1.066 \times \left(\frac{\cot 21}{\cot 19} \right)^{2/3} = 2.945$$

$$\therefore R = 2.9453 \times 2.5 = 7.363 \mathrm{m}$$

예제 5.13

법면경사 각도 30°의 사면에 파고 4m, 주기 10초의 파가 작용할 때의 처올림 높이를 구하여라. 선단 수심은 6m로 한다.

풀이 $L_o = 1.56 \times 10^2 = 156\mathrm{m}$

α_c를 구하면

$$\sqrt{\alpha_c} \times \sin^2\alpha_c = \frac{4 \times \pi^{3/2}}{\sqrt{2} \times 156} = 0.1 \Rightarrow \alpha_c = 0.408 (= 23.22°), \quad \alpha = 0.523 \quad \alpha_c < \alpha$$

$$L = 1.56 \times 10^2 \times \tanh\left(\frac{2\pi 6}{L}\right) \Rightarrow L = 73.589\mathrm{m} \quad K = 2\pi/L = 2\pi/73.589 = 0.0853$$

$$kh = 0.0853 \times 6 = 0.512$$

$$K_s = \frac{1}{\sqrt{\tanh kh \times (1 + 2kh/\sinh 2kh)}}$$

$$= \frac{1}{\sqrt{\tanh 0.512 \times \left(1 + \dfrac{2 \times 0.512}{\sinh 2 \times 0.512}\right)}} = 1.072$$

$$R = H_o \times \sqrt{\frac{\pi}{2\alpha}} \times K_s = 4.0 \times \sqrt{\frac{\pi}{2 \times \pi/6}} \times 1.072 = 7.42\text{m}$$

5.8.2 사면이 육상에 있는 경우

사면이 육상에 있는 경우 복잡한 형상의 사면으로의 처올림 높이는 Saville(1957)가 제안한 가상 경사법에 의해 추정한다. 그림 5.8.2와 같이 복합단면을 가진 사면으로의 처올림 높이 R의 산정은 쇄파점과 가상점을 연결하는 그림 속의 파선을 가상면으로 하고 그림 5.8.3을 이용하여 R을 계산한다. 그 추정 방법은 다음과 같다. 먼저 쇄파수심을 구하고, 파의 처올림 높이 점을 최대로 가정하고, 쇄파수심 해저 지점과 가정한 최대 처올림 높이 지점을 연결하여 직선 경사를 상정한다. 그 다음에 H_o/L_o와 가상경사 $\cot\alpha$를 이용하여 그림에서 최대 처올림 높이를 구한다. 이 최대 처올림 높이가 가정한 높이와 일치할 때까지 이 계산을 반복한다.

해저경사가 완만해지면, 가상 경사법에 의한 계산과 실험 결과와의 일치도가 저하하기 때문에, 해저경사가 1/30보다 급한 경사에 적용하는 것이 바람직하다.

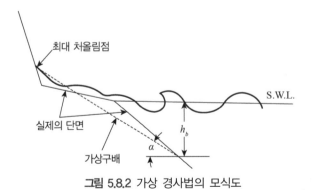

그림 5.8.2 가상 경사법의 모식도

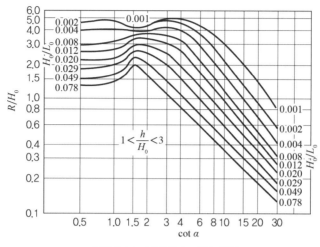

그림 5.8.3 처올림 높이의 사정도

5.8.3 소파공을 가지는 경우

사면의 조도나 투수성을 증대시키면 파의 처올림 높이가 감소하기 때문에 가장 손쉬운 방법으로서 제방, 호안, 방파제 등의 전면에 이형블록 등을 놓고 파의 처올림이나 월파를 감소시키고 있다. 이들의 이형블록을 소파공이라고 부른다. Savage(1958)의 실험 결과에 의하면 소파공을 설치하면 처올림 높이는 설치하지 않은 경우와 비교하여 1/2(50%)에서 1/4(25%)까지 감소한다. 이 경우의 실험식으로서 Bruun과 Günbak(1977)은 다음 식을 제안하고 있다.

$$\frac{R}{H_o{'}} = \frac{0.8\xi_0}{1 + 0.5\xi_0} \tag{5.8.6}$$

여기서, $\xi_0 = \tan\alpha / \sqrt{H_o{'}/L_o}$ 이다. 그림 5.8.4는 제체 전면에 입사파가 쇄파하지 않는 경우의 활사면과 투과성 사석사면에 대한 파의 처올림 높이를 비교한 실험 결과이며 그림 5.8.4에 파라미터는 사면 경사이고, h_d는 사면 선단에서의 수심이다.

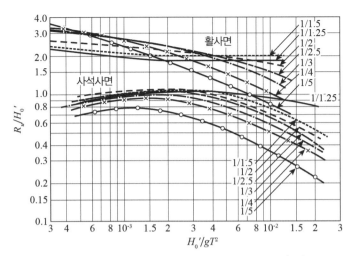

그림 5.8.4 활사면과 사석사면의 파의 처올림 높이($h_d/H_o' > 3.0$)

예제 5.14

법면 경사각 30°의 사면에 파고 4m, 주기 10초의 파가 작용할 때, 소파공이 있는 경우 파의 처올림 높이를 구하여라.

풀이 $L_o = 1.56 \times 10^2 = 156\text{m}$

$$\xi_0 = \frac{\tan\alpha}{\sqrt{H_o'/L_o}} = \frac{\tan 30°}{\sqrt{4/156}} = 3.605$$

따라서 처올림 높이는

$$R = H_o' \frac{0.8\xi_0}{1 + 0.5\xi_0} = \frac{0.8 \times 3.605 \times 4.0}{(1 + 0.5 \times 3.605)} = 4.116\text{m}$$

예제 5.15

수심 8.0m, 심해파 파고 2.5m, 주기 9sec인 파가 입사할 때, 제체 경사 1:3인 호안 전면에 사석으로 피복한 경우의 처올림 높이를 구하고, 소파공이 없는 경우와 비교하여 몇 % 정도 감소하는가?

풀이 $h/H_o \Rightarrow 8.0/2.5 = 3.2$, $h/H_o > 3$의 조건 만족

횡축 : $H_o/(gT^2) = 2.5/(9.80621 \times 9^2) = 0.0031$

사석 사면 경사 1 : 3

$R/H_o = 0.92$, $R = 0.92 \times 2.5 = 2.3$m

활사면에서

$R/H_o = 2.2$, $R = 2.2 \times 2.5 = 5.5$m

감소율 $2.3/5.5 = 0.4181 \times 100 = 41.81 =$ 약 42% 감소

5.8.4 불규칙파의 처올림 높이

지금까지의 논의는 규칙파를 대상으로 하였지만, 실제의 파는 불규칙하기 때문에 불규칙파의 대표 처올림 높이의 산정식은 다음과 같이 나타낸다.

$$\frac{R}{H_o} = a\xi_0^b \tag{5.8.7}$$

여기서, $\xi_0 = \tan\alpha/\sqrt{H_o/L_o}$ 이며, 적용범위는 $1/30 < \tan\alpha \leq 1/5$와 $0.007 \leq H_o/L_o$의 조건을 만족해야 한다. α는 해저경사이다. 식 (5.8.7)의 a와 b는 다음과 같이 주어진다. 그림 5.8.5는 불규칙파의 대표 처올림 산정도를 나타낸다.

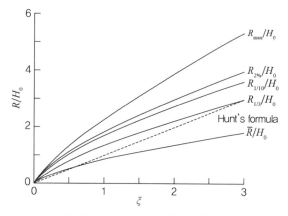

그림 5.8.5 불규칙파의 대표 처올림 산정도

$$R = R_{\max} \quad : \quad a = 2.32, \quad b = 0.77$$

$$R = R_{2\%} \quad : \quad a = 1.86, \quad b = 0.71$$

$$R = R_{1/10} \quad : \quad a = 1.70, \quad b = 0.71 \qquad (5.8.8)$$

$$R = R_{1/3} \quad : \quad a = 1.38, \quad b = 0.70$$

$$R = \overline{R} \quad : \quad a = 0.88, \quad b = 0.69$$

네덜란드를 비롯한 유럽에서는 불규칙파의 처오름 높이로 2% 초과값 $R_{2\%}$(각각의 처오름 높이를 크기순으로 나열할 때 큰 쪽에서 2%에 해당하는 값)를 대푯값으로 하여 처오름 높이 기준으로 정하고 있다. 2% 초과값은 파고로 말하면 파고가 Rayleigh분포에 따를 때 $H_{2\%} = 1.40H_{1/3}$의 관계가 있고, 또 $H_{2\%} \fallingdotseq H_{1/20}$이다.

$$\frac{R_{2\%}}{H_{1/3}} = \min\left(1.6 \times \gamma_h \times \gamma_\beta \times \xi_{1/3}, \ 3.2\right)$$

$$\xi_{1/3} = \frac{\tan\alpha}{\sqrt{H_{1/3}/L_o}} \quad : \text{매개변수}$$

$$\gamma_h = \begin{cases} 1 - 0.03\left(4 - \dfrac{h}{H_{1/3}}\right)^2 & : \dfrac{h}{H_{1/3}} < 4 \\[4mm] 1 & : \dfrac{h}{H_{1/3}} > 4 \end{cases} \qquad (5.8.9)$$

$$\gamma_\beta = 1 - 0.0022\,\beta \,(\beta \ is \ degree)$$

일본에서는 저감계수로서 $\gamma_\beta = 1/2(1 + \cos\alpha)$를 사용하며 이것은 식 (5.8.9)의 값보다 약간 작은 값을 준다.

예제 5.16

전면수심 5.0m의 지점에 법면경사 1 : 5의 경사호안이 있다. 유의파고 2.5m, 주기 5.5초의 파가 입사각도 40°로 입사할 때, 처오름 높이 2%의 초과값을 구하여라.

풀이 $\tan\alpha = 1/5$, $L_o = 1.56 \times 5.5^2 = 47.2\text{m}$, $\xi_{1/3} = \dfrac{1/5}{\sqrt{2.5/47.2}} = 0.87$

$\gamma_h = 1 - 0.03\left(4 - \dfrac{5.0}{2.5}\right)^2 = 0.88$, $\gamma_\beta = 1 - 0.0022 \times 40 = 0.912$

2% 초과값은 $\dfrac{R_{2\%}}{H_{1/3}} = \min(1.6 \times 0.88 \times 0.912 \times 0.87,\ 3.2) = \min(1.12,\ 3.2) = 1.12$

$R_{2\%} = 1.12 \times 2.5 = 2.8\text{m}$

5.9 파의 월파

5.9.1 월파량의 산정식

제방과 호안의 천단고가 처오름 높이보다도 낮으면, 해수는 천단을 넘어서 육지 방향으로 유입한다. 이와 같은 월파량은 파의 특성, 호안의 형상, 설치 위치, 해저지형, 바람의 유무 등에 의해서 변화한다. 월파량의 이론적 산정식으로서는 호안 전면의 수위의 시간 변화를 가정하고, 그림 5.9.1과 같이 월파 파형을 가정하면 식 (5.9.1)과 같이 나타낼 수 있다.

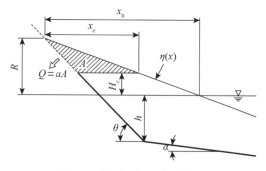

그림 5.9.1 월파 시 공간 파형의 가정

월파량 Q는 다음과 같다.

$$Q = a \frac{(R - H_c)}{2} \left(\frac{x_0}{R} - \cot\theta \right)$$ (5.9.1)

여기서, a는 월파계수로서 다음과 같다.

경사제 : $a = 7.6 (\cot\theta)^{0.73} \left(\dfrac{H_o}{L_o} \right)^{0.83}$

직립제 : $a = 9.3 \left(\dfrac{(R - H_o)}{H} \right)^{1/2} \left(\dfrac{H_o}{L_o} \right)$ (5.9.2)

(1) 쇄파 영역에 있는 경우의 월파량

식 (5.9.1)에 나타내듯이 월파량은 처올림 높이 R과 제체 높이 H_c의 차에 의해 좌우된다. 1파장당의 월파량 $Q(\text{cm}^3/\text{cm} \cdot \text{T})$를 다음과 같이 구한다. 혹은 초당 평균유량 $q(\text{m}^3 / \text{m} \cdot \text{sec})$로 나타낸다. 여기서, R, H_c의 단위는 cm이다.

직립제 $Q = 1.5 \times 10^{-2} (R - H_c)^2$

$1 : 0.5$의 경사제 $Q = 7.8 \times 10^{-2} (R - H_c)^2$

$1 : 1$의 경사제 $Q = 2.1 \times 10^{-1} (R - H_c)^{1.7}$ (5.9.3)

$1 : 2$의 경사제 $Q = 1.2 (R - H_c)^{1.45}$

$1 : 3$의 경사제 $Q = 5.5 \times 10^{-1} (R - H_c)^{1.8}$

다음의 그림 5.9.2에 이들의 관계를 나타낸다.

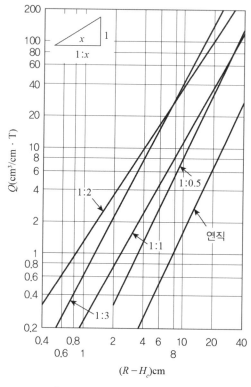

그림 5.9.2 법면 경사와 월파량의 관계

(2) 중복파 영역에 있는 경우의 월파량

이 영역에서는 심해파의 영향이 강하기 때문에, 처올림 높이의 형상은 법면 앞 수심, 파형경사 등에 의해 변화하고 쇄파 영역과 같이 일정하게 나타낼 수 없고, 다음과 같이 나타낸다.

$$Q = a\,A \tag{5.9.4}$$

여기서, a, A는 각각 다음 식으로 주어진다. 먼저 a는 하나의 계수이고, 파형경사, 천단높이, 법면 각도에 의해 좌우되는 값이지만, 다음과 같은 근사식으로 주어진다.

$$경사제: \quad a = 7.6(\cot\theta)^{0.72}\left(\frac{H_o}{L_o}\right)^{0.83}$$

$$직립제: \quad a = 9.3\left\{\frac{(R-H_c)}{H}\right\}^{1/2}\left(\frac{H_o}{L_o}\right)$$

(5.9.5)

또 A는 다음 식으로 주어진다.

$$A = \left(\frac{1}{2}\frac{(1+\cot^2\theta)}{(\cot\gamma - \cot\theta)}(R-H_c)^2 + 0.15H(R-H_c)\right) \tag{5.9.6}$$

사면의 각도에 따라 다른 값을 취한다.

$$\cot\theta > 1, \qquad \cot\gamma = 67\left(\frac{H}{L}\right)(\cot\theta)^{1.6}$$

$$\cot\theta < 1, \quad \cot\gamma = \left\{n + \frac{n(n-1)}{2}\cot^2\theta\right\}^{1/2}\cot\theta$$

(5.9.7)

여기서, $n = -3.224\log_{10}\left\{\dfrac{1}{1+(67H/L)^2}\right\}$이다.

5.9.2 불규칙파의 월파량 산정식

규칙파의 어떤 파고와 주기에 대한 단위폭당, 단위시간당의 월파유량 q를 알면, 파고와 주기의 상관을 무시하고, 대표주기($T_{1/3}$)에 대해 유량을 q_0로 하여 불규칙파가 내습했을 때의 평균 월파유량을 구할 수 있다. Goda(1976)는 불규칙파에 대한 월파유량의 추정도표를 그림 5.9.3~5.9.6에 작성했다.

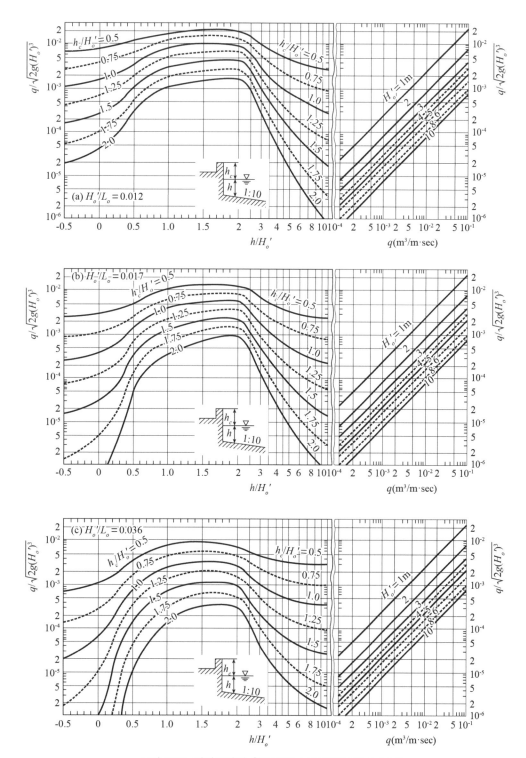

그림 5.9.3 직립호안의 월파유량 산정도(해저경사 1/10)

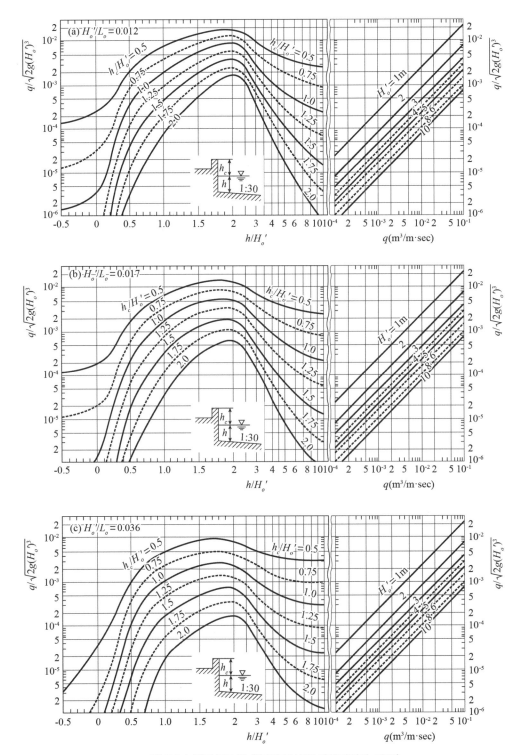

그림 5.9.4 직립호안의 월파유량산정도(해저경사 1/30)

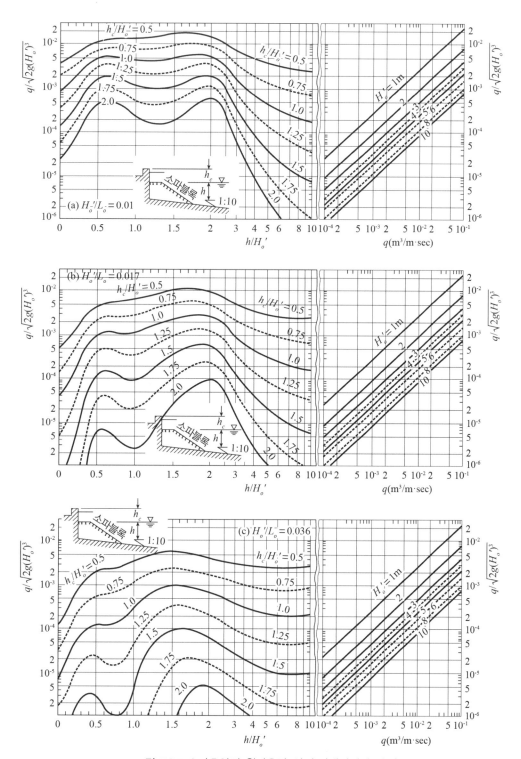

그림 5.9.5 소파호안의 월파유량 산정도(해저경사 1/10)

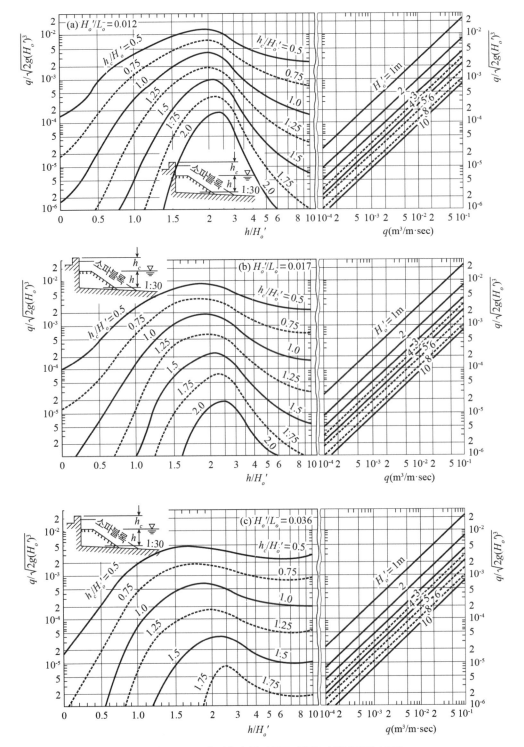

그림 5.9.6 소파호안의 월파유량 산정도(해저경사 1/30)

5.9.3 허용 월파량

월파를 완전히 방지하는 것은 사실상 불가능하기 때문에, 어느 정도 월파를 허용해야 한다. 허용량은 일반적인 기준이 있을 수는 없지만, 구조물의 안전이나 배후지의 이용 상황에 따라 결정된다. Goda(1970)는 태풍에 의한 호안의 피복재 예에 근거하여 피복재 한계의 월파량을 다음 표 5.9.1과 같이 정리하고 있다.

표 5.9.1 피복재 한계의 월파량

종별	피복공	월파유량(m³/m·s)
제방	천단과 뒷 사면 모두 피복공 없음	0.005 이하
	천단 피복공 있고, 뒷 경사면 피복공 없음	0.02
	삼면 모두 피복공 구조	0.05
호안	천단 피복공 없음	0.05
	천단 피복공 있음	0.2

한편 배후지 이용 상황에서 본 허용 월파량은 다음 표 5.9.2와 같은 값을 주고 있다.

표 5.9.2 배후지 이용 상황에 따라 본 허용 월파량

이용자	제방(호안)에서의 거리	월파유량(m³/m·s)
보행자	직 배후지(50% 안전도)	2×10^{-4}
	직 배후지(90% 안전도)	3×10^{-5}
자동차	직 배후지(50% 안전도)	2×10^{-5}
	직 배후지(90% 안전도)	1×10^{-6}
가옥(건축물)	직 배후지(50% 안전도)	7×10^{-5}
	직 배후지(90% 안전도)	1×10^{-6}

예제 5.17

파고 8m, 파형경사 0.036의 파가 해저경사 1/10, 법면 수심 6m, 천단고 6m의 직립제에 직각으로 내습할 때의 월파유량을 구하여라.

예제 5.18

경사 1/30, 수심이 10m의 해저에 천단고 2m의 직립제가 설치되어 있다. 유의파 파고가 1.7m, 유의파 주기가 8초인 불규칙파가 직각으로 입사하고 있다. 단위시간 당의 기대월파유량을 구하여라.

풀이 $H_o{}' = 1.7\text{m}, \quad L_o = 1.56 \times 8^2 = 99.84\text{m}$

$\dfrac{H_o}{L_o} = \dfrac{1.7}{99.84} = 0.017, \quad \dfrac{h_c{}'}{H_o} = \dfrac{2}{1.7} = 1.17, \quad \dfrac{h}{H_o{}'} = \dfrac{10}{1.7} = 5.88$

$\dfrac{q}{\sqrt{2g(H_o{}')^3}} = 2.1 \times 10^{-4}, \quad q = 2.1 \times 10^{-4} \times \sqrt{2 \times 9.81 \times (1.7)^3}$

$\qquad\qquad\qquad = 2.1 \times 10^{-3} \text{m}^3/\text{m} \cdot \text{s}$

예제 5.19

해저경사 1/30, 수심 3m, 조위 2m, $T = 10\text{sec}$, $H_o{}' = 5.5\text{m}$, 허용 월파유량이 $0.05\,\text{m}^2/\text{m} \cdot \text{s}$ 이하일 때의 직립호안 천단고를 구하여라.

풀이 $L_o = 1.56 \times 10^2 = 156\text{m}, \quad \dfrac{H_o{}'}{L_o} = \dfrac{5.5}{156} = 0.0353, \quad \dfrac{h}{H_o{}'} = \dfrac{5}{5.5} = 0.909$

$\dfrac{q}{\sqrt{2g(H_o{}')^3}} = \dfrac{0.05}{\sqrt{2 \times 9.8 \times 5.5^3}} = 8.76 \times 10^{-4}$

그림 5.9.4(c)에서 $\dfrac{h}{H_o{}'} = 0.91$과 $\dfrac{q}{\sqrt{2g(H_o{}')^3}} = 8.76 \times 10^{-4}$로 구한 값은 $\dfrac{h_c}{H_o{}'} = 1.05$

따라서 천단고는 $h_c = 1.05 \times 5.5 + 2.0 = 7.77\text{m}$

※ 같은 조건으로 소파호안에 적용하면,

소파호안이 있는 경우 $\dfrac{h_c}{H_o{'}} = 0.6$이므로 $h_c = 0.6 \times 5.5 + 2.0 = 5.3\text{m}$가 된다.

따라서 방파제 앞에 호안이 있는 경우 천단고를 $7.77 - 5.3 = 2.47\text{m}$ 정도 줄일 수 있다.

예제 5.20

해저경사 1/10, 수심 5.0m의 지점에 천단고 7.0m의 직립호안이 있다. 조위 2.0m 일 때, $H_o{'} = 4.5\text{m}$, $T_{1/3} = 9.0\text{sec}$의 환산심해파가 내습하면 월파유량은 어느 정도로 되는가? 또 그 전면에 소파공을 설치하면 월파유량은 어느 정도 감소하는가?

풀이 $L_o = 1.56 \times 9^2 = 126.36\text{m}$

$$\dfrac{H_o{'}}{L_o} = 0.0356, \quad \dfrac{h}{H_o{'}} = \dfrac{5.0 + 2.0}{4.5} = 1.555, \quad \dfrac{h_c}{H_o{'}} = \dfrac{7.0 - 2.0}{4.5} = 1.11$$

$$\dfrac{q}{\sqrt{2g(H_o{'})^3}} = 2.7 \times 10^{-3}, \quad q = 2.7 \times 10^{-3} \times \sqrt{2 \times 9.80621 \times (4.5)^3} = 0.114\text{m}^3/\text{m} \cdot \text{s}$$

※ 소파호안이 있는 경우

$$\dfrac{q}{\sqrt{2g(H_o{'})^3}} = 6.0 \times 10^{-4}, \quad q = 6.0 \times 10^{-4} \times \sqrt{2 \times 9.80621 \times (4.5)^3} = 0.025\text{m}^3/\text{m} \cdot \text{s}$$

$\dfrac{0.025}{0.114} \times 100 = 21.9\% \left(= \dfrac{1}{4.56} \right)$ 감소한다.

5.9.4 파에 의한 전락방지 높이

근년에 각종 친수성 호안의 설치에 대해서는 월류수에 의한 사람의 전도(轉倒)나 전락(轉落)이 일어나지 않도록 적절한 허용 월파량을 설정해놓는 것이 필요하다. Takahashi 등은 제체 위를 월류수가 흐르는 상황에서 사람에게 전도나 전락이 일어나는 것으로부터 친수성 호안의 이용한계파고를 월파한계파고로서 다음 식으로 주어진다.

$$H_{m0} = \left(\dfrac{-1 + \sqrt{1 + 4a_1 h_c/h_m}}{2a_1} \right) h_m \tag{5.9.8}$$

$$\left.\begin{array}{ll} h_m = d, & B_M/L \geq 0.16 \\ h_m = d + (h-d)\left(\dfrac{0.16 - B_M/L}{0.05}\right), & 0.11 < B_M/L < 0.16 \\ h_m = h, & B_M/L \leq 0.11 \end{array}\right\} \tag{5.9.9}$$

여기서, H_{m0}는 월파발생한계파고, a_1은 제체 형상에 의한 보정계수이고 통상 케이슨은 $a_1 = 1.0$, 슬리트 케이슨은 $a_1 = 0.5$이며, h_m은 제체 설치 수심, d는 기초 마운드의 수심, B_M은 기초 마운드의 전견폭, L은 제체 전면에서의 파장이다.

예제 5.21

수심 15m 지점에 설치된 케이슨으로 만들어진 친수성 방파제(천단고 3.0m)에 접근 금지할 때의 파고의 조건을 구하여라.

풀이
$$\begin{aligned} H_{m0} &= \left(\frac{-1 + \sqrt{1 + 4a_1 h_c/h_m}}{2a_1}\right) h_m \\ &= \left(-1 + \frac{\sqrt{1 + 4 \times 1.0 \times 3.0/15.0}}{2 \times 1.0}\right) \times 15.0 = 2.56\text{m} \end{aligned}$$

5.9.5 월파에 의한 전달파고

월파에 의한 전달율 K_T는 전달율 파고 H_T로서 직립제와 혼성제에 관해서는 다음의 실험식이 잘 맞는다.

$$K_T = 0.3\left(1.5 - \frac{h_c}{H_i}\right), \quad \frac{h_c}{H_i} \leq 1.25 \tag{5.9.10}$$

또 직립벽을 소파블록으로 피복한, 소위 소파블록 피복제에 대해서는 다음의 식으로 주어진다.

$$K_T = 0.3\left(1.1 - \frac{h_c}{H_i}\right), \quad \frac{h_c}{H_i} \leq 0.75 \tag{5.9.11}$$

여기서, H_i는 입사파고, h_c는 천단고(수면 위 제체 높이)를 가리킨다.

5.10 원주구조물에 작용하는 파력

작은 직경의 원주에 작용하는 파력의 산정식은 원주에 작용하는 파력이 항력과 관성력의 2개의 성분으로 이루어지는 것을 전제로 한다. 항력은 유체의 점성에 의해 물체 배후에 일어나는 후류(wake)에 의해 일어나는 것으로, 물 입자 속도의 제곱에 비례한다. 한편 관성력은 비점성 유체로서의 일정한 가속도에 의해 일어나는 힘으로, 물 입자의 가속도에 비례한다.

직립원주의 전체 파력 F_T는 해저면에서 수면까지 적분하는 것에 의해서 계산된다. 따라서 항력계수 C_D와 질량계수(관성력계수)는 C_M은 수심방향으로 변화하기 때문에 C_D와 C_M이 일정하다고 가정하여 계산을 하면 전체 파력 F_T는 다음 식으로 주어진다.

$$F_T = (F_D)_{\max}\cos(kx_1 - wt)|\cos(kx_1 - wt)| + (F_I)_{\max}\sin(kx_1 - wt) \qquad (5.10.1)$$

여기서,

$$\left.\begin{array}{l} (F_D)_{\max} = \dfrac{w_0 C_D D H^2}{16\sinh 2kh}(\sin 2kh + 2kh) \\[3mm] (F_I)_{\max} = \dfrac{w_0 \pi C_M H w^2 D^2}{8gk} \end{array}\right\} \qquad (5.10.2)$$

이다. 여기서, k는 파수, w_o는 물의 단위중량, w는 각주파수, D는 원주의 직경, $x_1 = 0$으로 놓는다. 또 최대파력 $(F_T)_{\max}$는 다음 식으로 계산할 수 있다.

$$
\begin{aligned}
(F_T)_{\max} &= (F_D)_{\max} + \frac{(F_I)_{\max}^2}{4(F_D)_{\max}} \quad : 2(F_D)_{\max} > (F_I)_{\max} \\
&= (F_I)_{\max} \quad : \qquad\qquad\quad 2(F_D)_{\max} \le (F_I)_{\max}
\end{aligned}\Bigg\}
\tag{5.10.3}
$$

한편 Goda는 위의 전체 항력$(F_D)_{\max}$와 전체 관성력$(F_I)_{\max}$의 최댓값을 다음과 같이 나타낸다.

$$
\left.\begin{aligned}
(F_D)_{\max} &= w_o C_D D H^2 K_D \\
(F_I)_{\max} &= w_o C_M D^2 H K_M
\end{aligned}\right\}
\tag{5.10.4}
$$

여기서, 원주에 해당하는 $C_D = 1.17$, $C_M = 2.0$이며 표 5.10.1과 5.10.2를 통해 형상에 따른 항력계수와 질량계수를 구할 수 있다. 또, K_D와 K_M은 다음 그림 5.10.1에서 구할 수 있다.

표 5.10.1 여러 가지 물체의 항력계수(일본수리공식집, 1971)

물체의 형상 (기둥의 경우, 축방향은 지면의 직각)	기준면적* (기둥의 경우는 단위길이)	항력계수 C_D (l : 기둥의 길이)
원주	D	$1.17(l \gg D)$
정사각형 기둥	D	$2.05(l \gg D)$
정사각형 기둥	$\sqrt{2}\,D$	$1.55(l \gg D)$
L형 기둥	D	$2.00(l \gg D)$
I형 기둥	D	$2.10(l \gg D)$
직사각형 기둥	D	$2.01(l \gg D)$
구	$\frac{\pi}{4}D^2$	0.5
입방체	D^2	1.05

표 5.10.2 여러 가지 물체의 질량계수(일본수리공식집, 1971)

물체의 형상 (기둥의 경우, 축방향은 지면의 직각)		기준면적* (기둥의 경우는 단위길이)	항력계수 C_M (l : 기둥의 길이)
원주	흐름 ⟹ ⃝ D	$\dfrac{\pi}{4}D^2$	$2.0(l \gg D)$
사각형 기둥	⟹ ▨ D	D^2	$2.19(l \gg D)$
정사각 기둥	⟹ ▯ D	$\dfrac{\pi}{4}D^2$	$1.0(l \gg D)$
구	⟹ ⃝ D	$\dfrac{\pi D^3}{6}$	1.5
입방체	⟹ ▢ D	D^3	1.67

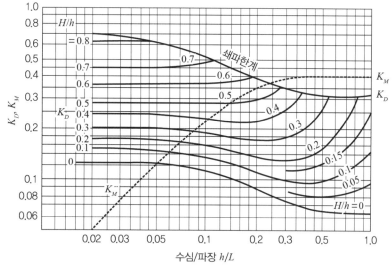

그림 5.10.1 직립원주에 작용하는 파력

예제 5.22

수심 $h = 5\mathrm{m}$ 의 바다 속에 직경 $D = 0.2\mathrm{m}$ 의 원주를 해저에 설치한 장소에, 파고 $H = 1.5\mathrm{m}$, 주기 $T = 6s$ 의 파가 작용했다. 원주의 수심 $h = -1 \sim -3\mathrm{m}$ 의 구간에 작용하는 수평파력의 최댓값을 구하여라($w_o = 10.1\mathrm{kN/m^3}$).

풀이 ※ $1kN = 100kg$, $10.1kN = 1010kg$

$10.1kN/m^3 = 1010kg/m^3 = 1.01t/m^3 = 1.01g/cm^3$

※ 해수의 단위중량

$1.01t/m^3 - 1.05t/m^3 = 1.01g/cm^3 - 1.05g/cm^3 = 1010kg/m^3 - 1050kg/m^3$

※ 일반적으로 해수는 $w_o = 1.025g/cm^3 = 1.025t/m^3 = 1025kg/m^3$

수심 5m 지점에서 시산법(try and error method)으로 파장을 구하면

수심 5m 지점에서 $L = 1.56 \times 6^2 \times \tanh(2\pi \times 5/L)$, $L = 38.07 \fallingdotseq 38.1m$

$$(F_D)_{max} = \frac{w_0 C_D D H^2}{16 \sinh 2kh} \times [\sinh 2kz_2 - \sinh 2kz_1 + 2k(z_2 - z_1)]$$

$$= \frac{10.1 \times 1.17 \times 0.2 \times 1.5^2}{16 \sinh(4\pi \times 5/38.1)} \times \left(\sinh\frac{4\pi \times 3}{38.1} - \sinh\frac{4\pi \times 1}{38.1} + \frac{4\pi(3-1)}{38.1}\right)$$

$$= 0.1815[kN] = 18.15kg$$

$$(F_I)_{max} = \frac{w_0 \pi C_M H D^2}{8 \cosh kh}[\sinh 2kz_2 - \sinh 2kz_1]$$

$$= \frac{10.1 \times \pi \times 2.0 \times 1.5 \times 0.2^2}{8 \cosh(2\pi \times 5/38.1)} \left(\sinh\frac{4\pi \times 3}{38.1} - \sinh\frac{4\pi \times 1}{38.1}\right)$$

$$= 0.2882[kN] = 28.82kg$$

또 최대파력 $(F_T)_{max}$는 다음 식으로 계산할 수가 있다.

$$(F_T)max = (F_D)_{max} + \frac{(F_I)^2_{max}}{4(F_D)_{max}} : 2(F_D)_{max} > (F_I)_{max}$$

$$= (F_I)_{max} : 2(F_D)_{max} \leq (F_I)_{max}$$

$2(F_D)_{max} > (F_I)_{max}$ 이므로

$$\therefore (F_T)_{max} = (F_D)_{max} + \frac{(F_I)_{max}}{4(F_D)_{Max}} = 0.1815 + \frac{0.2882^2}{4 \times 0.1815} = 0.2959[kN] = 29.59kg$$

예제 5.23

파고 $H_{1/3} = 4.5m$이고 주기 $T = 11s$인 설계파에 대해서 수심 10m 지점에 직경 $D = 0.8m$의 원주파일에 작용하는 최대파력을 계산하여라($C_D = 1.17$, $C_M = 2.0$).

풀이 $L_o = 1.56 \times 11^2 = 188.8m$, $h/L_o = 10/188.8 = 0.053$

$L = 1.56 \times 11^2 \times \tanh(2\pi 10/L)$에서 $L = 102.8m$

$h/L = 10/102.8 = 0.097, \quad H/h = 4.5/10$

Goda식을 이용하면 그림에서 $K_D = 0.25, \ K_M = 0.21$을 얻는다.

$(F_D)_{\max} = 1.03 \times 1.17 \times 0.8 \times 4.5^2 \times 0.25 = 4.88\text{tf}$

$(F_I)_{\max} = 1.03 \times 2.0 \times 0.8^2 \times 4.5 \times 0.21 = 1.24\text{tf}$

$2(F_D)_{\max} > (F_I)_{\max}$이므로 최대파력 $(F_T)_{\max}$는

$(F_T)_{\max} = 4.88 + \dfrac{1.24^2}{4 \times 4.88} = 4.958\text{tf}$

CHAPTER
6
·······························

파와 표사

　해안에서 저질이동 현상과 이동하고 있는 저질 자체를 함께 표사(littoral drift)라고 한다. 해빈 지형의 변화는 표사의 이동량과 방향이 장소적으로 다른 것에 의해 발생한다. 표사를 발생시키 는 주요한 원인은 당연한 것이지만 파와 흐름이다. 해빈지형이 변하면 파나 흐름의 형태가 변하고 이것이 표사량의 변화를 일으킨다. 이와 같이 해빈지형의 변화에 관계하는 여러 가지 과정을 종합하여 해빈과정(coastal processes)이라 부른다. 그림 6.1.1은 해빈과정에 포함되는 여 러 요소 간의 관련성을 나타낸 것이며, 그림 6.1.1로부터 해빈과정은 파, 해빈류, 바람, 하천 등의 매우 복잡한 원인에 지배되고 있을 뿐만 아니라, 이런 여러 관련 요소는 서로 영향을 미치고 있는 것을 이해할 수 있다. 해빈과정에서 일어나는 대표적인 문제는 항만의 항로, 정박 지의 매몰과 해안침식이 있고, 이는 해안공학에서 해명하기 곤란한 과제 중 하나이다.

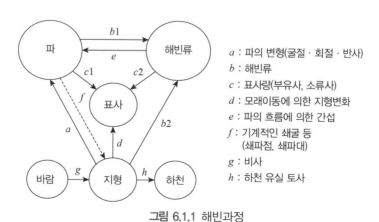

그림 6.1.1 해빈과정

6.1.1 해안단면 지형

표사현상이 현저한 수역을 분류하면 그림 6.1.2와 같이 된다. 파가 해안으로 진행하면서 쇄파가 진행되는 쇄파역(breaker zone), 쇄파 한계점에부터 파의 처내림의 한계점까지의 기파역(surf zone), 파의 처올림의 한계점까지의 소상파역(swash zone)으로 부른다. 소상파대는 수괴(水槐)의 선단부가 소상과 후퇴를 반복하는 영역이다. 일반적으로 표사현상을 취급하기 위해서는 정선에 직각인 경우는 단기간의 변화를 고려하고, 정선에 평행인 경우는 장기간의 변화를 고려한다.

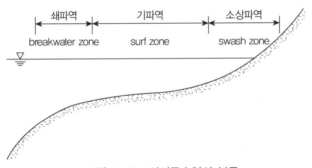

그림 6.1.2 표사이동수역의 분류

6.1.2 해빈의 종단현상

그림 6.1.3에 해빈 안충방향의 대표적인 단면형상을 나타낸다. 단면형상은 파나 흐름의 외력, 해저의 초기 경사, 저질의 입경 등의 연안역의 여러 특성에 의해 변화한다. 따라서 모든 해빈이 그림 6.1.3과 같이 되는 것은 있을 수 없다.

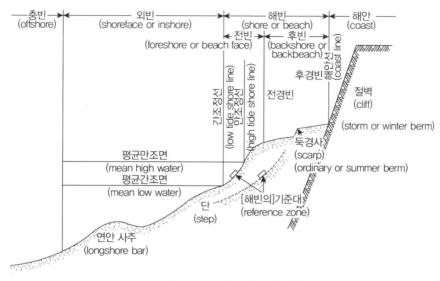

그림 6.1.3 해빈 종단면의 명칭

해빈의 종단 형상은 전형적인 두 가지 형태로 대별되는 것을 알 수 있다. 한 형태는 연안사주 (longshore bar)의 존재이며, 또 다른 한 형태는 스텝(step)의 존재이다. 전자는 겨울철 해빈, 폭풍 해빈 혹은 바(bar)형 해빈으로 이름 붙여졌으며, 파형경사(H_o / L_o)가 비교적 큰 파에 의해 형성 된다. 한편, 후자는 여름철 해빈, 정상해빈 또는 스텝형 해빈으로 이름 붙여졌으며, 파형경사가 비교적 작은 파에 의해서 형성된다. 이 같은 두 가지 형태는 실제의 해빈에서도 분명히 확인된 다. 그림 6.1.4는 일본 Tokaimura 해안에서의 측량결과로써, 해빈의 종단 형상의 전형적인 두 가지 형태를 보여준다.

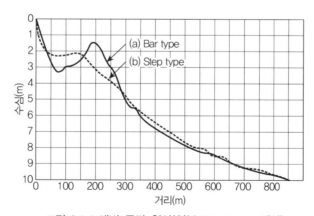

그림 6.1.4 해빈 종단 형상(일본 Tokaimura 해안)

일정한 경사의 해빈에 규칙적인 파가 입사를 계속하면, 이윽고 어떤 단면 형상에 점근한다. 이것을 해빈의 평형단면(equilibrium beach profile)이라고 부른다. 실제의 해안에서 파는 불규칙하고 조석의 영향 등 많은 요인이 작용하기 때문에, 해빈의 평형단면은 형성되기 어렵다. 그러나 계절마다 유사한 단면 형상이 만들어지는 경우가 많다. 침식이나 퇴적의 원인을 생각하면서 해빈의 평형단면을 아는 것이 중요하다. 그림 6.1.5에 나타내듯이 침식이나 퇴적에 착목하여 해안단면 형상을 다음과 같이 분류할 수 있다.

1) **침식형(I형)** : 정선이 후퇴하고, 먼 바다에 모래가 퇴적하는 단면형상
2) **천이형(II형)** : 정선보다 해안 쪽에 모래가 퇴적하고, 먼 바다에서도 퇴적하지만, 그 사이에 침식되는 단면형상(II-1은 스텝형, II-2는 바형)
3) **퇴적형(III형)** : 정선이 전진하고, 먼 바다에 모래가 퇴적하지 않는 단면형상

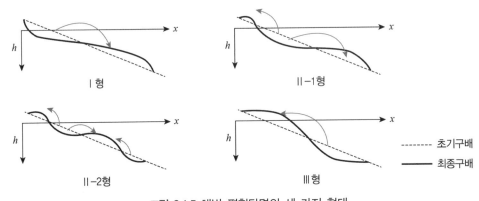

그림 6.1.5 해빈 평형단면의 세 가지 형태

Johnson(1919)은 해빈의 종단형상을 파형경사(H_o/L_o)에 따라 다음과 같이 분류했다.

1) **침식형(폭풍해빈)** : $H_o/L_o \geq 0.03$
2) **천이구간 조건** : $H_o/L_o = 0.025 \sim 0.030$
3) **퇴적형(정상해빈)** : $H_o/L_o \leq 0.025$

그 후 수많은 실험적 연구가 행해졌고, Rector(1954)는 저질 입경(d_{50})과 파의 크기(H_o or L_o)

와의 비가 해빈 형상에 영향을 준다는 것을 발견했다.

$$\text{침식} : \frac{d}{L_o} < 0.146 \left(\frac{H_o}{L_o} \right)^{1.25}, \quad \text{퇴적} : \frac{d}{L_o} > 0.146 \left(\frac{H_o}{L_o} \right)^{1.25}$$

Iwagaki와 Noda(1962)는 기존 자료에 자신들의 실험 결과를 포함하여 연안사주 발생한계를 구하였다(그림 6.1.6).

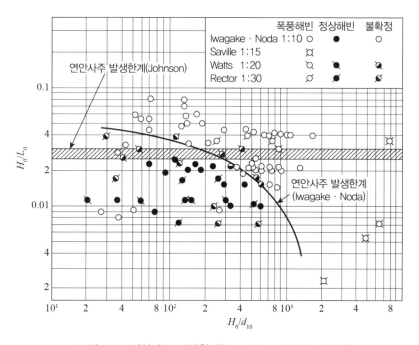

그림 6.1.6 연안사주 발생한계(Iwagaki and Noda, 1962)

Sunamura와 Horikawa(1974)는 해빈 전체 지형에 주목하여 그림 6.1.7에 나타낸 것처럼 침식형(1타입), 평형형(II형), 퇴적형(III형)으로 분류하였다. 이들은 다음 식 중에서 C_s 값에 의해 구분되는 것을 나타냈다.

$$\frac{H_o}{L_o} = C_s (\tan \beta)^{-0.27} \left(\frac{d}{L_o} \right)^{0.67}$$

(6.1.1)

여기서, $\tan\beta$는 해빈경사, d는 저질입경, C_s는 무차원 정수이다. 실험실에서는 $C_s = 4 - 8$, 현지에서는 $C_s = 18$로 되어 있다. 그 값을 표 6.1.1에 나타낸다. I형은 정선이 후퇴하고, 사주가 먼 바다 쪽에 형성된다. II형은 정선의 거의 변하지 않지만, 정선 부근이나 먼 바다 쪽에 퇴적한다. III형에서는 정선은 전진한다. 심해파 파형경사가 클 때에는 침식 지형이 형성되기 쉽고, 해저경사가 완만한 경우에는 퇴적 지형이 되기 쉽다. 현지 해빈에서 평형 지형이 존재하는가에 관해서는 이론(異論)이 있지만, 해빈 변형의 변화를 설명하는 데는 유효한 생각이다.

표 6.1.1 Sunamura와 Horikawa의 식 (6.1.1)에서 C_s값의 산정

Type	실험실	현지
I형(Type)	$C_s > 8$	$C_s > 18$
II형(Type)	$8 > C_s > 4$	$18 > C_s > 9$
III형(Type)	$4 > C_s$	$9 > C_s$

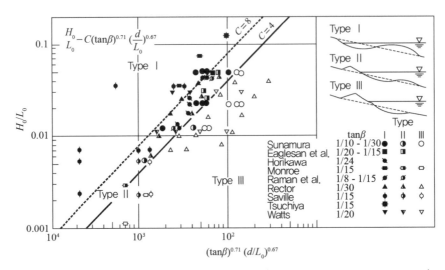

그림 6.1.7 실험 데이터를 통한 해빈 형태의 분류(Sunamura and Horikawa, 1975)

예제 6.1

해저경사 1/30, 모래입자의 평균입경 0.20mm, 파고 5cm, 주기 1.2sec의 모형 해빈에 장시간 파를 작용시켰을 때 해빈 단면형은 I형 또는 III형인가?(Sunamura-Horikawa식)

풀이

$$\frac{H_o}{L_o} = C_s (\tan\beta)^{-0.27} \left(\frac{d}{L_o}\right)^{0.67}$$

$$\tan\beta = 1/30 = (1/30)^{-0.27} = 2.505$$

$$L_o = 1.56\,T^2 = 1.56 \times 1.2^2 = 2.2464\text{m}$$

$$\left(\frac{0.02}{224.64}\right)^{0.67} = 0.00193$$

$$2.505 \times 0.00193 = 0.00484$$

$$\frac{H_o}{L_o} = \frac{5}{224.64} = 0.0222 \quad \therefore \text{제II형}$$

6.1.3 연안사주와 해빈 변형

연안사주(longshore bar)의 규모는 사주의 비고(사주의 정부와 곡부의 높이 차)에 의해 나타내며, 이는 해빈에서의 쇄파대 규모에도 관계되면, 해빈 변형 또는 표사현상을 생각하는 데 극히 중요한 요소가 된다. Shigeki는 많은 심천측량(음향측량, 해안의 깊이를 측정하는 작업)의 결과를 기초로 해빈지형을 조사한 결과 연안사주, 파형해안선(beach cusp, 파상의 정선 지형이 형성되는 것) 및 해안선 형상의 차이에 서로 밀접한 관계가 있음을 지적했다. 파형해안선은 파장이 수백~수천 m에 이른 경우 대규모라 하고, 파장이 수~수십 m면 소규모로 분류한다.

Hom-ma 등은 Tokaimura 해안의 전빈 부분에서의 지형 변동량을 조사하였다. 그 결과로부터 전빈 부분에서의 지형 변화는 약 1년을 주기로 해서 반복되고, 태풍 등의 이상 파랑 등에 의해서 생기는 변형은 매우 커서 쉽게 회복되지 않는 것을 보인다.

해안선은 사빈에 의해 형성될 뿐만 아니라 해안절벽에 의해서 형성되어 있는 부분도 꽤 있으며, 이것이 부근 해빈에 대한 표사의 주요한 공급원이다. 해안절벽의 후퇴는 기암의 강도와 파랑의 크기에 밀접한 관계가 있음을 알 수 있다.

6.2 해빈저질

해빈을 형성하는 토사는 하천에서 흘러 내려온 토사, 주변의 해안을 구성하는 사구 또는 해안절벽으로부터의 붕괴 토사이다. 표사에 관한 공학상의 문제를 취급하는 데 가장 기본이 되는 표사의 이동방향을 판정하려면, 저질의 특성을 상세하게 검토하는 것이 효과적이다. 저질의 물리적 특성으로는 입도조성, 형상, 둥근 정도, 광물조성, 공극률, 투수성, 비중 등이 있다. 이들 중 입도조성과 광물조성은 표사현상을 이해하기 위해 특히 중요한 특성들이다.

Krumbein은 손쉬운 통계량 산출을 위해 토사 입자의 직경(d; mm)을 다음의 대수 방정식을 통해 단위 입경(ϕ)으로 나타내었다.

$$\phi = -\log_2 d \tag{6.2.1}$$

또 중앙 입경(Md_ϕ), 평균 입경(M_ϕ), 표준편차(σ_ϕ)는 각각 다음의 식으로 주어진다.

$$Md_\phi = \phi_{50} \tag{6.2.2}$$

$$M_\phi = \frac{1}{2}(\phi_{84} + \phi_{16}) \tag{6.2.3}$$

$$\sigma_\phi = \frac{1}{2}(\phi_{84} - \phi_{16}) \tag{6.2.4}$$

여기서, ϕ_{16}, ϕ_{50}, ϕ_{84}는 누적 백분율이 각각 16%, 50%, 84%가 되는 단위 입경의 값을 나타낸다. 또 입도의 분포 정도를 나타내는 것은 Trask의 도태계수는,

$$s_0 = \sqrt{\frac{d_{75}}{d_{25}}} \tag{6.2.5}$$

이다. 여기서, $s_0 = 1$은 완전히 단일 입경으로 체가름된 경우이며, 실제 해빈에서 체가름이 좋은 경우는 $s_0 = 1.25$ 정도가 된다. 이 외에도 다음과 같은 식의 분급도와 편왜도가 이용된다.

$$\text{분급도} : Qd_\phi = \frac{1}{2}\left(\phi_{75} - \phi_{25}\right) \ \text{(Krumbein)} \tag{6.2.6}$$

$$Pd_\phi = \frac{1}{2}\left(\phi_{90} - \phi_{10}\right) \ \text{(Griffiths)} \tag{6.2.7}$$

$$\text{편왜도} : Sk_\phi = \frac{(\phi_{25} + \phi_{75}) - 2Md_\phi}{2} \tag{6.2.8}$$

여기서, $Sk_\phi = 1$이면, 입도조성이 중앙입경에 집중된 경우이며, $Sk_\phi > 1$이면 입경이 ϕ_{50}보다 큰 경우이고, $Sk_\phi < 1$이면 입경이 ϕ_{20}보다 작은 쪽에 기울어져 있는 경우이다. 분급도는 표준편차나 도태계수와 기본적으로 같은 성격이며, 모래알이 고르냐 고르지 않느냐를 나타내는 것이다. 편왜도는 입도분포가 중앙치 ϕ_{50}에 대하여 어느 쪽에 치우쳐 있는가를 나타내는 것이다. Bascom(1951)은 전빈경사(foreshore slope)가 1/10보다 가파르면, 입경이 급속히 굵어지는 경향이 있음을 보여줬다. Sunamura(1984)는 그림 6.2.1에 나타낸 것과 같이 전빈경사는 입경만이 아니라 쇄파파고와 주기에 의해 변화한다고 하여 식 (6.2.9)를 제안했다.

$$\tan\beta = 0.12\left(\frac{H_b}{g^{1/2}d^{1/2}T}\right)^{-1/2} \tag{6.2.9}$$

앞에서 말한 바와 같이 해빈지형 혹은 해빈의 구조물 주변의 토사의 퇴적 상황이 유용한 판단이 지침으로 채용된다. 이처럼 광물의 조성과 조약돌의 분포의 비교 검토를 통해 표사 공급원과 탁월 방향을 확인하는 방법이 유력한 수단이 된다.

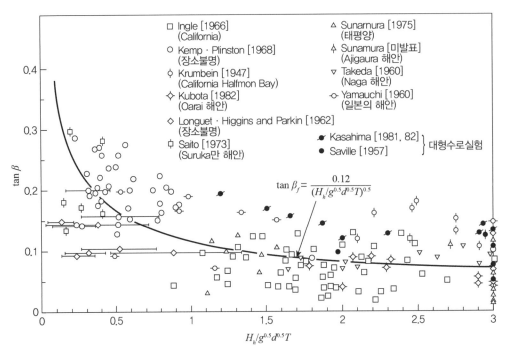

그림 6.2.1 쇄파파고와 주기에 의한 전빈경사의 변화(Sunamura, 1984)

예제 6.2

입경 0.15cm의 저질을 이용하여 인공해빈을 조성했다. 입사파의 주기는 5sec, 심해파에서의 쇄파파고는 1.2m이다. 이때 전빈경사를 구하여라.

풀이 $\tan\beta = 0.12 \times \left(\dfrac{H_b}{g^{1/2}d^{1/2}T} \right)^{-1/2}$

$\qquad = 0.12 \times \left(\dfrac{1.2}{9.80621^{1/2} \times 0.0015^{1/2} \times 5.0} \right)^{-1/2}$

$\qquad = 0.0853$

※ 전빈경사 약 1/12

6.3 파에 의한 표사이동

6.3.1 표사의 이동 형태

해빈의 사력(sediment particle)은 파나 흐름에 의해서 먼 바다 쪽, 해안 쪽 또는 정선에 평행인 방향으로 이동한다. 사력의 이동 형태는 크게 부유와 소류로 나눌 수 있고 이동 양상은 충빈 (offshore), 외빈(inshore) 또는 전빈(foreshore)의 각 영역에서 다르다.

(1) 충빈영역

파가 천해역으로 들어와 어떤 수심의 곳까지 오면 저질의 입자는 파의 운동에 따라 왕복운동을 하고, 파고 및 주기가 커짐에 따라 저면 부근에서는 층류경계층에서 난류경계층으로 천이가 일어나 사련(sand ripple) 현상을 볼 수 있다. 사련은 점차 발달하여 수심, 파고, 주기 및 저질 입경, 비중에 의해서 거의 일정한 형상을 갖게 된다. 파봉이 도달하면, 파의 진행 방향으로 이동하는 소류사(bed load)가 되며, 파곡이 도달하면 파의 진행 방향과 반대로 이동하는 부유사 (suspended sediment)가 되어 마침내 확산하고 침강한다.

(2) 외빈영역

자연해빈에서 가장 특생 있는 사력의 이동이 일어나는 외빈영역에서는 저면 가까이의 물 입자의 속도가 커져서 사련은 소멸하고 저질은 층상이 되어 이동하는 박층류(sheet flow)의 상태가 된다. 또 쇄파에 수반되는 연안류에 의해 정선에 평행으로 이동하거나 이안류에 의해 먼 바다 쪽으로 이동한다.

(3) 전빈영역

전빈영역은 평균 간조 정선에서 해안 쪽이며, 쇄파 후 파의 작용이 미치는 곳이므로 부유, 또는 소류의 형태에서 사력의 이동이 현저하게 확인된다. 붕괴파 쇄파 혹은 쇄기파 쇄파의 경우에는 소류사로서 이동이 탁월하고, 권파 쇄파의 경우는 부유로서 이동이 현저해진다. 파가 정선에 경사각을 가지고 입사할 때에는 저질은 전빈 위를 지그재그로 이동하며, 결국은 정선에 평행인 방향의 모래이동인 해빈표사(beach drift)가 된다.

6.3.2 이동 한계수심

저질이 파의 영향을 받는 한계수심은 150~200m에 미친다고 한다. 해안 구조물 설계에서 모래의 이동이 일어날 수 있는 수심, 즉 이동 한계수심을 결정하는 일은 중요하다.

(1) Ishihara와 Sawaragi의 제안식

모래의 이동이 층류경계층 영역에서 이루어진다고 생각하고, 한계마찰속도에 관한 실험식을 이용하여, 초기이동이 일어나는 한계수심에 관한 식을 다음과 같이 제안했다.

$$\text{초기이동 한계수심} : \frac{H_o}{L_o} = 0.171\left(\frac{d}{L_0}\right)^{1/4}\left(\sinh\frac{2\pi h_i}{L}\right)\left(\frac{H_o}{L}\right) \tag{6.3.1}$$

(2) Sato와 Tanaka의 제안식

실험과 방사성 유리모래를 이용한 현지 관측의 결과로부터, 이동 한계수심에 관한 식을 해저면의 모래가 움직이기 시작하는 표층이동 한계수심에 관한, 그리고 방사성 유리모래의 이동 상황의 관측결과로부터 현저한 이동을 나타낸다고 생각되는 전면과 표층이동 한계수심에 관한 다음의 두 가지의 식을 제안했다.

$$\text{전면이동 한계수심} : \frac{H_o}{L_o} = 0.565\left(\frac{d}{L_o}\right)^{1/3}\left(\sinh\frac{2\pi h_i}{L}\right)\left(\frac{H_o}{H}\right) \tag{6.3.2}$$

$$\text{표층이동 한계수심} : \frac{H_o}{L_o} = 1.35\left(\frac{d}{L_o}\right)^{1/3}\left(\sinh\frac{2\pi h_i}{L}\right)\left(\frac{H_o}{H}\right) \tag{6.3.3}$$

(3) Sato의 제안식

Sato(1966)는 완전이동 한계수심에 관한 다음의 식을 제안했다.

$$\text{완전이동 한계수심} : \frac{H_o}{L_o} = 2.4\left(\frac{d}{L_o}\right)^{1/3}\left(\sinh\frac{2\pi h_i}{L}\right)\left(\frac{H_o}{H}\right) \tag{6.3.4}$$

그림 6.3.1은 Sato가 제안한 표층이동과 완전이동 한계수심 계산 결과를 상대수심과 상대파고에 의해 나타낸다.

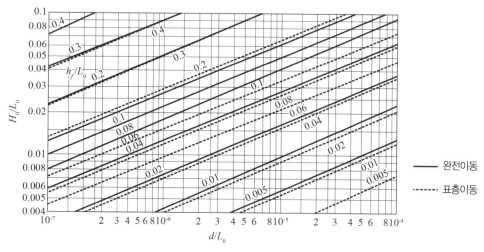

그림 6.3.1 표층이동 및 완전이동 한계수심(Sato, 1966)

위의 식들을 정리하면 다음의 식과 같으며, α와 n 표 6.3.1과 같이 주어진다.

$$\left(\frac{H_o}{L_o}\right) = \alpha \left(\frac{d}{L_o}\right)^n \sinh\left(\frac{2\pi h_i}{L}\right)\left(\frac{H_o}{H}\right)$$

(6.3.5)

여기서, H_o와 L_o은 심해파의 파고와 파장, H와 L은 수심 h_i에서의 파고와 파장이며, d는 모래의 입경이다.

표 6.3.1 이동 한계수심 표사식의 비교(일본토목학회, 1999)

이동형식	제안자	n	α
초기이동	Ishihara와 Sawaragi	1/4	0.171
전면이동	Sato와 Tanaka	1/3	0.565
표층이동	Sato와 Tanaka	1/3	1.350
완전이동	Sato	1/3	2.400

이들의 계수나 지수가 다른 이유로서는 이동 한계의 판정기준이 다른 것과 한정된 조건 아래의 자료를 이용해서 도출된 관계를 넓은 범위로 까지 확장해서 사용하고 있는 것 등을 들 수 있다. 이론적으로 층류의 경계층의 존재를 전제하는 것과 정상류의 저항법칙을 적용하고 있는 것에도 문제가 있다.

그림 6.3.2는 표사의 이동 형태에 대해서 보여준다. 이동 형태는 4단계로 분류 할 수 있다.

1) 초기이동(intial movement) : 해저표면에 돌출한 입자 몇 개가 움직이기 시작하는 단계
2) 전면이동(general movement) : 해저표면의 제1층의 모래가 거의 다 움직이기 시작하는 단계
3) 표층이동(surface layer movement) : 표층의 모래가 파향의 방향으로 집단적으로 소류되는 경우
4) 완전이동(complete movement) : 수심의 변화가 뚜렷이 나타날 정도로 현저한 이동

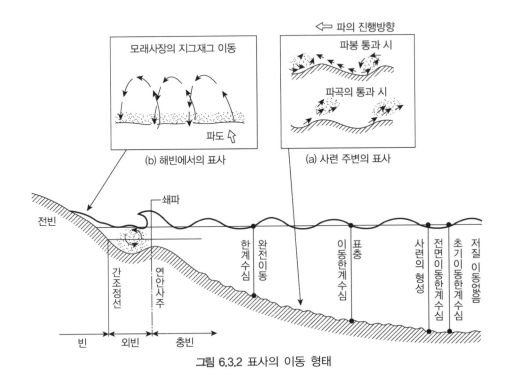

그림 6.3.2 표사의 이동 형태

Hallermeier(1978)는 이동 한계수심을 파후(wave climate) 통계로부터 얻을 수 있는 파고에 관

련지어 다음 식을 제안하였다.

$$h_i = 2.28 H_e - 68.5 \left(\frac{H_e^2}{g \, T_e^2} \right)$$

(6.3.6)

여기서, H_e는 유효파고라고 칭하고, 연간의 초과 출현율이 0.137%(12시간)인 유의파고, T_e는 그것에 대응하는 유효주기이다. Hallermeier는 유효파고 추정식으로 $H_e = \overline{H} + 5.6 \sigma_H$를 나타내었고, 여기서, $\overline{H}$는 연간 평균의 유의파고, σ_H는 유의파고의 표준편차이다.

Birkemeier(1985)는 그 후의 통계 데이터를 보충하여, 다음의 수정식을 제안하였다.

$$h_i = 1.75 H_e - 57.9 \left(\frac{H_e^2}{g \, T_e^2} \right)$$

(6.3.7)

Kuriyama는 일본 Hasaki 해안의 파와 해빈 데이터를 사용하여 위에서 설명한 이동 한계수심을 검토하였다. 그 결과 Sato와 Tanaka 완전이동 한계 제안식을 사용하면 초과확률 6~12%(연 20회 정도), Hallermeier 제안식을 이용하면 1~3%(연 6~13회 정도), Birkmeier의 제안식을 사용하면 0.12~0.8%(연 2~4회 정도)의 파를 사용하는 것이 기준이 된다고 하고 있다.

예제 6.3

심해파 파고 3.0m, 주기 10sec, 파가 평균입경 0.2mm인 사빈해안에 입사할 때에 완전이동수심을 구하여라.

풀이 $L_o = 1.56 \times 10^2 = 156\text{m}$, 완전이동식은

$$\frac{H}{H_o} = 2.4 \left(\frac{L_o}{H_o} \right) \left(\sinh \frac{2\pi h_i}{L} \right) \left(\frac{d}{L_o} \right)^{1/3} = 1.3546 \times \sinh k h_i$$

$$K_s = \frac{H}{H_o} = \left\{ \left(1 + \frac{2 k h_i}{\sinh 2 k h_i} \right) \tanh k h_i \right\}^{-1/2} = 1.3546 \times \sinh k h_i$$

시산법에 의해 $k h_i = 0.675$이다.

$$L = 1.56 \times T^2 \times \tanh kh_i = 1.56 \times 10^2 \times \tanh 0.675 = 91.76\text{m}$$

$$kh_i = \frac{2\pi h_i}{L} = 0.675, \quad h_i = 0.675 \times 91.76 \div 2\pi = 9.85\text{m}$$

※ 그림을 이용해서 구해도 된다.

$$d/L_o = 0.0002/156 = 1.28 \times 10^{-6}, \quad H_o/L_o = 3.0/156 = 0.0192$$

$$h_i/L_o = 0.63, \quad h_i = 0.63 \times 156 = 9.82\text{m}$$

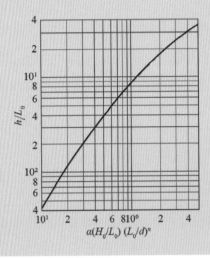

예제 6.4

1/20의 일정한 해저경사를 가지는 해안에 심해파 파고 $H_o = 2.5\text{m}$, 주기 $T = 5s$ 인
파가 정선에 대해서 직각으로 입사하고 있는 해안이 있다. 그 해안의 저질 입경이
0.8mm일 때, 완전이동 및 표층이동으로 되는 수심 및 그때의 파고를 산정하여라.

풀이 $L_o = 1.56 \times 5^2 = 39\text{m}$

$$\left(\frac{H}{H_o}\right)^{-1} \sinh\left(\frac{2\pi h_i}{L}\right) = \alpha\left(\frac{H_o}{L_o}\right)\left(\frac{L_o}{d}\right)^n \text{ 을 변형하면}$$

$$\frac{H}{H_o} = 2.4\left(\frac{L_o}{H_o}\right)\left(\sinh\frac{2\pi h_i}{L}\right)\left(\frac{d}{L_o}\right)^{1/3} = 1.024 \times \sinh\left(\frac{2\pi h_i}{L}\right)$$

좌변은 천수계수이므로($k = 2\pi/L$)

$$K_s = \frac{H}{H_o} = \left\{\left(1 + \frac{2kh_i}{\sinh 2kh_i}\right)\tanh kh_i\right\}^{-1/2} = 1.024 \times \sinh(kh_i)$$

반복계산(Try & Error)에 의하면 $kh_i = 0.824$

$L = 1.56 \times T^2 \times \tanh(kh_i)$에서 $L = 26.41$m

완전이동 한계수심 $kh_i = 2\pi h_i / L = 0.824$로부터 $h_i = 3.46$m로 된다.

이때의 파고는 $H = H_o K_s = 2.36$m로 된다.

예제 6.5

수심 12m, 평균입경 0.15mm의 해저모래는 어느 정도의 파고에서 표층이동하는가? 파의 주기는 10sec로 한다.

풀이 $L_o = 1.56 \times 10^2 = 156$m, $d/L_o = 0.00015/156 = 9.615 \times 10^{-7}$,

$h_i / L_o = 12/156 = 0.076$

$L = 1.56 \times T^2 \times \tanh\left(\dfrac{2\pi h}{L}\right) = 1.56 \times 100 \times \tanh\left(\dfrac{2\pi \times 12}{L}\right)$, $L = 99.68$m

$\dfrac{H}{H_o} = 1.35 \left(\dfrac{L_o}{H_o}\right)\left(\sinh \dfrac{2\pi h_i}{L}\right)\left(\dfrac{d}{L_o}\right)^{1/3}$에서

$H = 1.35 \times 156 \times \left(\sinh \dfrac{2\pi 12}{99.86}\right) \times \left(\dfrac{0.00015}{156}\right)^{1/3}$, $H = 1.725$m

그림 3.1.2에서 $K_s = \dfrac{H}{H_o} = 0.97$, $H_o = \dfrac{1.725}{0.97} = 1.778$m

그림 6.3.1에서 $\dfrac{d}{L_o} = \dfrac{0.00015}{156} = 9.61 \times 10^{-7}$, $\dfrac{h_i}{L_o} = \dfrac{12}{156} = 0.0769$

$\dfrac{H_o}{L_o} = 0.0096$, $H_o = 156 \times 0.0096 = 1.497$m

6.3.3 안충표사량

표사를 편의상 안충표사(cross-shore sediment transport)와 연안표사(long-shore sediment transport)로 나누어서 취급하는 일이 많다. 여기서는 안충표사에 주목하여 그 표사량 및 이동방향에 관해서 설명한다.

이동 수로에 모래를 투입해서 해빈지형을 만들어 파를 생성시키면 지형은 점차 변화하게 된다. 이 시간적인 지형 변화를 통해서 안충표사량 및 이동방향을 구하는 것이 일반적이다.

이 실험 데이터를 통해서, 무차원 표사량($\phi = q_n/w_0 d$)과 쉴즈 수(shields number)의 최대치 ($\psi_m = \hat{\tau_b}/(\rho s g d)$)를 구하게 되고, 그 양자 간의 관계식은 다음과 같다.

$$\text{Madsen과 Grant} : \phi = 12.5\psi_m^3 \qquad (6.3.8)$$

$$\text{Toshibo} : \phi = K(\psi_m - \psi_c) \qquad (6.3.9)$$

$$\text{Watanabe} : \phi = (\psi_m - \psi_c)\psi_m^{1/2} \qquad (6.3.10)$$

여기서, q_n은 순표사량, w_0는 모래입자의 침강 속도, d는 입경, $\hat{\tau_b}$는 저면 마찰응력, s는 입자의 수중비중, K는 저질입자의 형상에 따른 계수, ψ_c는 저질의 한계 쉴즈 수이다.

Sumamura는 순표사량의 방향에 대해 Ursell수($U_r = HL^2/h^3$)와 쉴즈 수$\left(\psi' = \dfrac{(d_0 \sigma)^2}{(\rho_s/\rho - 1)gd}\right)$를 사용하여 그림 6.3.3과 같이 검토하였다. 여기서, $\sigma = \dfrac{2\pi}{T}$, $d_0 = \dfrac{HL}{2\pi h}$, d는 모래의 입경, ρ_s와 ρ는 각각 모래와 물의 밀도, H는 파고, L은 파장, h는 수심이다. 그림에서 $\psi' = 0.048 U_r^{1.5}$

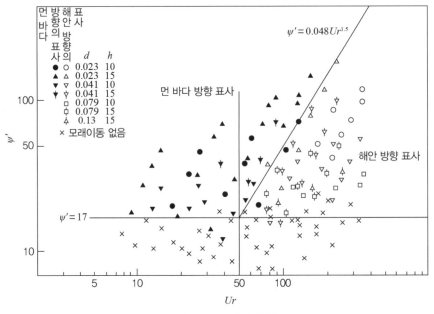

그림 6.3.3 표사의 방향

을 경계로 표사이동방향이 바뀌고, $\psi' \le 17$일 때 표사이동은 없고, $17 \le \psi' \le 0.48 U_r^{1.5}$일 때 표사는 해안 방향으로 이동하고, $\psi' \ge 17$, $U_r \le 50$, $\psi' \ge 0.48 U_r^{1.5}$일 때 표사는 먼 바다 방향으로 이동하는 특성을 알 수 있다.

예제 6.6

$d = 0.2\,\text{mm}$, $\tan\theta = 1/2$, $H_o = 5.5\,\text{m}$, $T = 12.0\,\text{sec}$, $h = 10.0\,\text{m}$, $\rho_s = 2600\,\text{kg/m}^3$ 안충표사의 탁월방향을 구하여라.

풀이 $L_o = 1.56 \times 12^2 = 224.64\,\text{m}$,

$$L = 1.56 \times T^2 \tanh(2\pi h/L) = 1.56 \times 12^2 \times \tanh(2 \times \pi \times 10.0/L), \quad L = 113.246\,\text{m}$$

$$U_r = \frac{HL^2}{h^3} = \frac{5.5 \times 113.246^2}{10^3} = 70.54$$

$$d_0 = \frac{HL}{2\pi h} = \frac{5.5 \times 113.246}{2 \times 3.1415 \times 10} = 9.91, \quad \sigma = \frac{2\pi}{T} = \frac{2 \times 3.1415}{12} = 0.523$$

$$\psi' = \frac{(d_0 \sigma)^2}{(\rho_s/\rho - 1)gd} = \frac{(9.91 \times 0.523)^2}{(2600/1025 - 1) \times 9.806 \times 0.2} = 8.92$$

그림 6.3.3으로부터 안충방향의 표사이동은 발생하지 않음

6.3.4 연안표사량

연안표사량(long-shore sediment transport rate)을 추정하는 데는 방사제나 방파제 등의 구조물 위쪽에서의 퇴적 토사량이나 항내의 매몰량을 측정하거나 또는 모형실험을 행하고 있다.

Saville은 실험 결과로부터 심해파의 파형경사 H_o/L_o가 작은 경우에는, 주로 정선 부근을 이동하는 이른바 해빈표사가 연안표사의 대부분을 차지한다고 밝혔다. 또 파형경사가 클 경우, 연안사주가 존재하는 경우에는 쇄파점 부근에서의 표사가 현저하고 해빈 표사는 매우 적다는 것을 알았다. 그리고 연안표사량은 $H_o/L_o = 0.025$일 때 최대가 되고, 파에너지가 증대함에 따라 커진다고 밝혔다.

연안표사량이 최대가 될 때 심해파의 파봉선과 정선의 교각에 대해서는 Shay와 Johnson은 30°, Johnson과 Iwagaki와 Sawaragi는 40°, Sauvage와 Vincent는 53°의 값을 각각 주고 있다. 이들

의 실험에서 얻은 수치를 곧바로 현지에 적용하기에는 어려움이 따른다.

연안 유속은 연안표사량(Q_x)을 추정하는 데 중요하지만, 직접적으로 결부시키기에는 어려움이 있어서, 개괄적으로 연안류를 발생시키는 파의 에너지 유속의 연안방향 성분(E_x)으로부터 다음 관계식을 유도했다(표 6.3.2 참고).

$$Q_x = \alpha E_x^n \tag{6.3.11}$$

여기서, $E_x = K_r^2 P_0 \sin\theta_b \cos\theta_b$이고, K_r은 굴절계수, $P_0 = \dfrac{1}{16}\dfrac{w_o H_o^2 L_o}{T}$ 이다.

표 6.3.2 주요 연안표사량 공식

연구자	원식	환산식 Q_x[m³/day] E_x[ton·m/day/m]	공식 산출조건
Caldwell (1956)	$Q_x = 210 E_x^{0.8}$ Q_x[yard³/day] E_x[10^5·lbs/day/ft]	$Q_x = 1.21 E_x^{0.8}$	South Lake Worth Inlet, FL(저질입경 0.3~0.7mm, 최대파고 2.2ft, 최대주기 18s) Anaheim Bay, CA(저질입경 0.3~0.5mm, 최대파고 3.5ft, 최대주기 11.5~17.2s)
Savage (1959)	$Q_x = 1.3 \times 10^{-4} E_x$ Q_x[yard³/day] E_x[ft·lbs/day/ft]	$Q_x = 0.217 E_x$	여러 곳의 현지 및 실험 결과를 정리한 것
Ijima, Sato, Aono, Ishii (1961)	$Q_x = 0.62 E_x^{0.54}$ Q_x[m³/month] E_x[ton·m/month/m]	$Q_x = 1.130 E_x^{0.54}$	Atsumi 반도의 Fukue 해안(저질입경 1~2mm, 파고 1m 이하, 주기 2~4s, 표사는 수심 2m보다 얕은 곳의 영역에서는 현저)
Ichikawa, Ochiai, Tomita, Murobuse (1961)	$Q_x = 0.372 E_x^{0.8}$ Q_x[m³/half year] E_x[ton·m/half year/m]	$Q_x = 0.131 E_x^{0.8}$	Suruga만 Tagonoura(해빈사의 입경 5~40mm, 해저경사 1/5~1/10, 표사는 수심 13m보다 얕은 영역에서는 현저)
Manohar (1962)	$Q_x = 0.885 E_x^{0.91} d^{0.59}\left(\dfrac{\rho}{\rho'-\rho}\right)$ Q_x[yard³/day] E_x[10^5·lbs/day/ft]	$Q_x = 0.786 E_x^{0.91} d^{0.99}$	여러 곳의 현지 및 실험 결과를 정리한 것

표 6.3.2 주요 연안표사량 공식(계속)

연구자	원식	환산식 $Q_x[\text{m}^3/\text{day}]$ $E_x[\text{ton}\cdot\text{m/day/m}]$	공식 산출조건
Manohar (1962)	$Q_x = 0.885E_x^{0.91}d^{0.59}\left(\dfrac{\rho}{\rho'-\rho}\right)$ $Q_x[\text{yard}^3/\text{day}]$ $E_x[10^5\cdot\text{lbs/day/ft}]$	$Q_x = 0.786E_x^{0.91}d^{0.99}$	여러 곳의 현지 및 실험 결과를 정리한 것
Ijima, Sato, Tanaka (1964)	$Q_x = 0.01E_x$ $Q_x[\text{m}^3]$ $E_x[\text{ton}\cdot\text{m/m}]$	$Q_x = 0.060E_x$	Kashima해안(쇄파대 내의 저질입경 0.15~0.2m, 파고는 4m 이하)
Sato (1966)	$Q_x = 0.12E_x$ $Q_x[\text{m}^3]$ $E_x[\text{ton}\cdot\text{m/m}]$	$Q_x = 0.120E_x$	위 식의 계수를 2배 한 것

*ρ : 유체밀도(slug/ft³), ρ' : 저질밀도(slug/ft³), d : 저질입경(ft)

예제 6.7

파고 3m, 주기 9sec, 심해파가 수심 4m에서 입사각 10°, 굴절계수가 0.85이다. 5시간 해안선 단위폭당의 파의 연안방향의 수송 에너지를 구하고, 이 해안에서 1시간당 연안표사량을 추정하여라(Ijima, Sato, Tanaka 식 사용).

풀이 $Q_x = 0.06E_x$, $L_o = 1.56\times 9^2 = 126.36\text{m}$

$$P_0 = \frac{1}{16}\frac{1.03\times 3^2\times 126.36}{9} = 8.134\text{tf}\cdot\text{m/m}\cdot\text{s}$$

4m 지점에서

$$E_x = (0.85)^2\times 8.134\times \sin10\times \cos10 = 1.005\text{tf}\cdot\text{m/m}\cdot\text{s}$$

5시간 파에너지

$$E_{5hr} = 1.005\times 5\times 3600 = 18089.9\text{tf}\cdot\text{m/m}$$

1시간당 해안선 단위폭당 연안표사량은

$$Q_x = 0.06\times 1.005\times 3600 = 217.08\text{m}^3/\text{hr}\text{이 된다.}$$

Sato식으로 풀면, $Q_x = 0.12\times 1.005\times 3600 = 434.16\text{m}^3/\text{hr}$

Savage식으로 풀면, $Q_x = 0.217\times 1.005\times 3600 = 785.1\text{m}^3/\text{hr}$

파고 2m, 주기 5sec, 심해파 입사각 15°, 쇄파선에서 입사각 5°일 때 1일 표사
을 구하여라(Ijiman·Sato·Tanaka식 사용).

풀이 $Q_x = 0.06E_x$

$L_o = 1.56 \times 5^2 = 39\text{m}, \quad P_o = \frac{1}{16} \frac{1.025 \times 2^2 \times 39}{5} = 1.998$

$K_r = \sqrt{\frac{\cos\theta_0}{\cos\theta_b}} = \sqrt{\frac{\cos15}{\cos5}} = 0.9846$

$E_x = K_r^2 \times P_0 \times \cos\alpha_b \times \sin\alpha_b = (0.9846)^2 \times 1.998 \times \cos5 \times \sin5 = 0.1681\text{tf/s}$

1일 표사량은

$Q_x = 0.06 \times E_x \times 24 \times 3600 = 871.80\text{m}^3/\text{day}$

CERC(Coastal Engineering Research Center)의 연안표사량 식은 다음과 같다.

$$Q = K \frac{(EC_G)_b}{(\rho_s - \rho)g(1-\lambda)} \times \sin\alpha_b \times \cos\alpha_b \tag{6.3.12}$$

여기서, $E = \frac{w_o H^2}{8}$, C_g는 파의 군속도, λ는 0.4, K는 0.77의 계수를 취한다. 또 첨자 b는
쇄파점에서의 값을 의미한다. 이 식은 매우 간단하지만, 해저지형 등의 특성은 모두 파라미터
K로 대표시켜 모래이동 형태의 차이 등은 고려하지 않는다.

식 (6.3.12)에 K에 영향을 주는 파라미터를 고려한 연안표사량 공식도 있다.

$$Q = 2.27 \times H_{sb}^2 \times T_p^{1.5} \times m_b^{0.75} \times d_{50}^{-0.25} \times \sin^{0.6}(2\alpha_b)[\text{kg/s}] \tag{6.3.13}$$

여기서, H_{sb}는 쇄파점에서의 유의파 파고, T_p는 입사파의 스펙트럼 피크 주파수의(심해역),
m_b는 쇄파점에서의 해저경사, d_{50}은 모래의 중앙입경, α_b는 쇄파점에서의 입사각이다.

파라미터 K와 관련된 식 (6.3.12), (6.3.13)은 연안방향에 방파제 등 구조물이 없는 경우에

이용되는 것이 일반적이다. 구조물 등에 의해 쇄파고 등이 정선에 따라 변화하는 경우의 표사량 식도 제안되어 있다.

$$Q = \frac{(EC_G)_b}{(\rho_s - \rho)g(1 - \lambda)}\left(K_1 \sin\alpha_b \cos\alpha_b - \frac{K_2}{\tan\beta}\frac{\partial H_b}{\partial y}\cos\alpha_b\right) \tag{6.3.14}$$

여기서, K_1은 CERC의 제안식 (6.3.12)의 K값을 사용하고, K_2는 Ozasa와 Brampton이 부여한 계수로써 K_1보다 조금 작은 값을 사용할 때가 많다.

예제 6.9

1/50의 경사해안에 파고 $H_o = 3.0\text{m}$, 주기 $T = 8.0s$의 심해파가 입사각 $\alpha_0 = 20°$로 입사하고 있다. 단위시간당 연안표사량 Q를 구하여라(CERC식 사용). 모래의 비중 은 2.5로 한다.

풀이 $L_o = 1.56 \times 8^2 = 99.84\text{m}$, $H_o/L_o = 3/99.84 = 0.03$

그림으로부터(제3장 쇄파) $h_b = 4.68\text{m}$, $H_b = 3.36\text{m}$를 얻는다.

$C_o = 1.56 \times 8 = 12.48\text{m/s}$

$L = 1.56 \times 8^2 \times \tanh\left(\dfrac{2 \times \pi \times 4.68}{L}\right)$, $L = 51.51\text{m}$

$C = 1.56 \times 8 \times \tanh\left(\dfrac{2 \times \pi \times 4.68}{L}\right)$, $C = 6.43\text{m/s}$

$E = \dfrac{w_0 H^2}{8} = \dfrac{\rho g H^2}{8} = \dfrac{1000 \times 9.8 \times 3.36^2}{8} = 13838.22\text{kg}\cdot\text{m}^2/\text{s}^2$

$\dfrac{\sin\alpha_1}{C_1} = \dfrac{\sin\alpha_2}{C_2}$ 식을 이용하면 $\dfrac{\sin 20°}{12.48} = \dfrac{\sin\alpha_b}{6.43}$

$\sin\alpha_b = 0.176$, $\cos\alpha_b = \cos\left(\dfrac{0.176 \times 180}{\pi}\right) = 0.984$

$kh = \dfrac{2 \times \pi \times 4.68}{51.51} = 0.570$

수심 h_b에서 파의 군속도는

$C_g = \dfrac{C}{2}\left(1 + \dfrac{2kh}{\sinh 2kh}\right) = \dfrac{6.43}{2}\left(1 + \dfrac{1.142}{\sinh 1.142}\right) = 5.824\text{m/s}$

CERE식에 의한 연안표사량은

$$Q = 0.77 \times \frac{13838.22 \times 5.824}{(2500 - 1000) \times 9.806 \times (1 - 0.4)} \times 0.176 \times 0.984 = 1.217 \text{m}^3/\text{s}$$

6.4 비 사

파의 작용에 의해 정선 부근으로 처올려진 모래는 바람에 의해서 내륙으로 또는 정선에 따라 수송되어, 사구를 형성하거나 하구의 폐색, 항만 매몰의 요인이 되는 일이 많다. 지금까지 발표된 비사(飛砂, wind-blown sand)에 관한 이론은 두 가지로 분류된다. Exner의 확산 이론과 Bagnold의 이동 이론이다. 후자의 이론은 모래의 이동 형태를 소류(surface creep), 도약(saltation), 부유(suspension)로 나눌 수 있다.

6.4.1 사면 위의 풍속 분포

사면 위의 풍속 분포는 다음 Prandtl의 식이 사용된다.

$$u = \frac{u_*}{\chi} \ln \frac{z}{z_0} \tag{6.4.1}$$

여기서, χ는 Karman 정수, u_*는 저면 마찰속도($= \sqrt{\tau_b/\rho}$), z_0는 표면의 조도 길이이다. Zingg(1953)는 표면의 조도 길이(z_0)에 관해서 다음 식으로 제안했다.

$$z_0 = 0.081 \log_{10} \frac{d}{0.18} \tag{6.4.2}$$

여기서, z_0와 입경 d의 단위는 모두 mm이다. 식 (6.4.1)은 풍속은 작고 모래가 움직이지 않는 경우에 성립한다. 그러나 풍속이 커지고 모래입자가 움직이기 시작하면, 풍속 분포도 그 영향을 받는다. Bagnold는 풍속 분포를 다음과 같이 제안했다.

$$u = 5.75u_* \log_{10} \frac{z}{z'} + u' \tag{6.4.3}$$

여기서, Zingg에 의하면 입경 d(mm)에 의해서 z'(mm) = $10d$, u'(m/s) = $8.94d$가 된다. 단, Zingg는 $\chi = 0.375$로 하고 있다.

사면에서의 전단응력(τ_b) 또는 마찰속도(u_*)를 정하기 위해서는 어떤 높이의 점에 있어 풍속(u)과의 관계를 알기 위해 다음의 두 경험공식이 있다.

$$u_* = 0.053u_{100} \quad [\text{Kawata}] \tag{6.4.4}$$

$$u_* = 0.0572u_{446.5} - 17.1 \quad [\text{Hamata와 Okubo와 Nagase}] \tag{6.4.5}$$

여기서, 풍속(u) 및 마찰속도(u_*)의 단위는 cm/s이고, u_{100}과 $u_{446.5}$는 사면 위 100cm와 446.5cm의 높이에서의 풍속을 나타낸다.

6.4.2 바람에 의한 비사량

Bagnold(1943)에 의한 모래입자가 이동을 시작하는 한계마찰속도에 대한 식은

$$u_{*c} = A \sqrt{\frac{\rho_s - \rho_a}{\rho_a} gd} \tag{6.4.6}$$

이다. 여기서, $u_{*c}/u > 3.5$일 때 $A = 0.1$이고, ρ_s와 ρ_a는 각각 모래입자와 공기의 밀도, g는 중력 가속도, d는 모래 입경이다. u_{*c}는 $d = 0.08$mm에서 최저가 되고, 보다 작은 입자의 경우에는 오히려 커진다.

비사량 산정은 공학적으로 매우 중요하므로, 비사량 산정을 위해서는 다음의 제안식들이 사용된다.

Bagnold(1936)는 단위시간, 단위폭당의 비사량(q)에 다음과 같이 산정했다.

$$q = \frac{3}{4} B' \frac{\rho_a}{g} (u_*)^3 \tag{6.4.7}$$

여기서, B'은 충격계수이고, 소류로 운반되는 양(q_c)은 전 비사량의 1/4 정도로 고려되었다. 표준입경 $D = 0.25\text{mm}$를 사용하여 식 (6.4.7)을 다음과 같이 쓸 수 있다.

$$q = C \sqrt{\frac{d}{D}} \frac{\rho_a}{\rho_s \times g} (u_*)^3 \tag{6.4.8}$$

여기서, C는 실험계수이며, 표 6.4.1에 요약되었다.

표 6.4.1 실험계수 C의 값

C	모래입도 분포
1.5	거의 일정
1.8	자연 모래의 입도 조성
2.8	광범위한 입도

Kawamura(1951)는 전단응력(τ_b)은 모래입자의 충돌에 의해 생기는 τ_s와 바람이 직접 모래에 미치는 τ_w의 합으로 주어진다고 생각해서 평형상태에서의 모래입자의 충돌에 의해 생기는 전단응력을 다음과 같이 나타냈다.

$$\tau_s = \tau_b - \tau_c = \rho \{ (u_*)^2 - (u_{*c})^2 \} \tag{6.4.9}$$

실험 결과를 고려한 비사량 공식으로 다음의 식을 산정했다.

$$q = K \frac{\rho_a}{\rho_s \times g} (u_* - u_{*c})(u_* + u_{*c})^2 \tag{6.4.10}$$

여기서, $K = 2.78$로써 실험에 의해 얻어진 계수이다.

Lettau와 Lettau(1977) 조금 다른 형태의 식을 제안했다.

$$q = K \frac{\rho_a}{g} \sqrt{\frac{d}{D}} (u_* - u_{*c}) u_*^2 \tag{6.4.11}$$

여기서, $K = 4.2$가 권고된다.

Obrien과 Rindlaud(1936)은 하구에서 현지 관측결과로부터,

$$G = 0.036 u_5^3 \quad (U_5 > 13.4 ft/s) \tag{6.4.12}$$

의 관계를 얻었다. 여기서, G는 풍향에 직각인 폭 1ft당 하루에 통과하는 모래의 건조 중량 (1lb/ft/day), u_5는 사면 위 5ft 높이에서의 풍속이다. 다른 식과 비교하기 편리하도록 모래입자의 중앙 입경(d)을 0.20mm로 가정하여 다시 쓰면,

$$q = 9.96 \times 10^{-10} (u_* + 10.8)^3 \quad (u_* > 20 cm/s) \tag{6.4.13}$$

이 된다.

Chepil(1945)은 바람에 의한 토사이동을 연구하여,

$$q = c \frac{\rho}{g} (u_*)^2 \tag{6.4.14}$$

의 관계를 얻었다. 여기서, C는 토사의 성질에 따라 광범위하게 변화하며, 그 값은 $1.0 \sim 3.1$을 가진다.

지금까지는 건조한 사면에 대해서만 취급하였는데, 사면의 젖은 상태에 대해서도 고려한 연구가 있다. 모래가 젖은 경우 한계마찰속도는 식 (6.4.6)을 약간 수정한

$$u_{*cw} = A \sqrt{\frac{\rho_s - \rho_a}{\rho_a} gd} + 7.5w \qquad (6.4.15)$$

가 제안된다. 이 식은 입경(d)에 대해서는 $0.2 \sim 0.8$mm, 함수비(w)는 8% 미만의 조건에서 구해 진 것이다.

비사량에 대해서는 Kawamura의 식 (6.4.10)을 수정한

$$q = K \frac{\rho_a}{\rho_s \times g} (u_* + u_{*cw})^2 (u_* - u_{*cw}) \qquad (6.4.16)$$

$$u_{cw} = A \sqrt{\frac{\rho_s - \rho_a}{\rho_a} gd} + 7.5w I_w \qquad (6.4.17)$$

이 제안된다. 여기서, I_w는 무차원 계수로써 $U_* > U_{*cw}$일 때는 1.0, $U_{*cw} > U_* > U_{*c}$일 때는 $0 \sim 1.0$값을 취하게 된다.

예제 6.10

모래입경이 0.25mm, 지표 위 5m에서 풍속이 4m/s와 12m/s의 경우의 단위폭, 단위시간당의 비사량을 구하여라.

풀이 통상 입경이 $0.1 \sim 0.2$mm에서는 $A = 0.1$

따라서 $u_{*c} = A \sqrt{\left(\frac{\rho_s - \rho_a}{\rho_a}\right) gd} = 0.1 \sqrt{\left(\frac{2650}{1.226} - 1\right) \times 9.8 \times 0.00025} = 0.23(\text{m/s})$

$u' = 8.94 \times d = 8.94 \times 0.25 = 2.2\text{m/s}$

$z' = 10 \times d = 10 \times 0.25 = 2.5\text{mm}$

$u_{500} = 5.75 u_* \log\left(\frac{5}{0.0025}\right) + 2.2$

$u_* = 0.0526 u_{500} - 0.1159$

풍속 4m/s일 때
$u_* = 0.0526 \times 4.0 - 0.1159 = 0.0945\text{m/s}$

풍속 12m/s일 때

$$u_* = 0.0526 \times 12.0 - 0.1159 = 0.515\text{m/s}$$

풍속 4m/s에서는 비사가 발생하지 않음. 풍속 12m/s에서는

$$Q_w = c\sqrt{\frac{d}{D}}\frac{\rho_a}{\rho_s \times g}(u_*)^3 = 2.0\sqrt{\frac{0.0025}{0.0025}}\frac{1.226}{2650 \times 9.8} \times (0.515)^3$$
$$= 1.289 \times 10^{-5}(\text{m}^3/\text{s/m})$$

Kawamura식

$$q = K\frac{\rho_a}{\rho_s \times g}(u_* + u_{*c})^2(u_* - u_{*c}) = 2.78\frac{1.226}{2650 \times 9.8}(0.515 + 0.23)^2(0.515 - 0.23)$$
$$= 2.075 \times 10^{-5}(\text{m}^3/\text{s/m})$$

예제 6.11

거의 일정한 모래의 입경이 0.3mm, 지표 5m 높이에서 풍속 5m/s, 10m/s의 경우의 전 비사량을 산정하여라. 또한 평균 풍속의 연속기록을 이용하여 어떤 구간(예를 들면, 1년간)의 총 비사량을 산정하는 수순을 생각하여라(모래의 밀도 $\rho = 2650\text{kg/m}^3$).

풀이 $u' = 8.94 \times d = 8.94 \times 0.3 = 2.682\text{m/s}$

$z' = 10 \times d = 10 \times 0.3 = 3.0\text{mm}$

풍속 $\Rightarrow u = 5.75u_*\log_{10}\left(\frac{z}{z'}\right) + u'$

$u_{500} = 5.75u_*\log\left(\frac{5}{0.003}\right) + 2.682$

$u_* = 0.0539u_{500} - 0.1447$ (u_*, u_{500}의 단위는 m/s)

한계마찰속도

$$u_{*c} = A\sqrt{\left(\frac{\rho_s - \rho_a}{\rho_a}\right)gd} = 0.1\sqrt{\left(\frac{2650}{1.226}-1\right) \times 9.8 \times 0.0003} = 0.252(\text{m/s})$$

① 풍속 5m의 경우($u_{*c} = 0.252 > u_* = 0.124$) 비사 발생 안 함

$u_* = 0.0539 \times 5.0 - 0.1447 = 0.124\text{m/s}$

② 10m의 경우

$u_* = 0.0539 \times 10.0 - 0.1447 = 0.3943\text{m/s}$

$$Q_w = c \sqrt{\frac{d}{D}} \frac{\rho_a}{\rho_s \times g} (u_*)^3 = 1.5 \sqrt{\frac{0.003}{0.0025}} \frac{1.226}{2650 \times 9.8} \times (0.394)^3$$
$$= 1.731 \times 10^{-6} (\text{m}^3/\text{s/m})$$

1시간 중량 환산

$$1.731 \times 10^{-6} \times 3600 = 6.234 \times 10^{-3} (\text{m}^3/\text{hr/m})$$

Kawamura식

$$q = K \frac{\rho_a}{\rho_s \times g} (u_* + u_{*c})^2 (u_* - u_{*c})$$
$$= 2.78 \times \frac{1.226}{2650 \times 9.8} (0.39 + 0.252)^2 (0.39 - 0.252) = 7.46 \times 10^{-6} (\text{m}^3/\text{s/m})$$

CHAPTER

7

······························

해안의
보전과 창조

해안의 보전과 창조

삼면이 바다로 둘러싸인 우리나라는 국토 면적이 작고 평탄한 지형도 적다. 또한 천연자원도 빈곤한 나라이지만 국토의 보전과 고도의 이용 측면에서 건전하고 적정한 해양 개발과 이용의 필요성은 매우 높다. 특히 해안은 육역과 해역의 접점에 위치하고, 생물의 보고인 자연환경으로서도 귀중한 특성을 가지고 있다. 그 때문에 해안환경의 보전과 창조는 해안에 관한 방재, 이용, 생태계 보전의 관점에서 매우 중요한 과제이다.

7.1 해안환경 보전의 목적

해안환경의 보전을 생각하는데, 그 목적은 그림 7.1.1에 나타내듯이 크게 3개의 측면으로 취할 수 있다. 즉, (1) 해안방재, (2) 해안역의 개발 이용, (3) 해변의 생태계 경관의 보전이다. 표 7.1.1에 해안환경의 구성 요소를 나타낸다.

자연적 지리적 조건으로부터 재해를 받기 쉽고, 해안공학에 관한 기술도 계속되는 태풍이나 지진에 동반되는 해안재해에 의해 심대한 피해를 받은 것을 교훈으로 하여, 비약적으로 발전해 왔다. 따라서 우리나라 환경을 고려하는데, 해안방재를 점하는 중요성이 매우 크고 또 그것이 앞으로도 가장 중요한 과제인 것은 분명하다.

그러나 최근에 방재 면에서의 대책이 거의 달성되었고, 해안방재에 관해서 일정의 정비 수준을 볼 수 있고, 해안환경에 대한 사람들의 관심이나 요구는 지금 국토 보존과 방재라고 하는 재해 시의 대응뿐만 아니라 평상시 정온한 해안역의 유효이용이나 양호한 자연환경으로서 해변의 생태계나 경관의 유지보전에도 눈을 향해야 하고, 그 기대도 높아지고 있다.

먼저 해양의 이용 면에서는 해안역은 교통수송, 산업 활동, 에너지의 저장, 폐기물의 최종처리지, 레크리에이션 활동의 장으로 이미 고도로 이용이 진행되고 있다. 그리고 나아가 보다 광대한 공간 이용을 의하여 매립조성이나 풍요로운 친수공간의 정비 등 워터프론트 개발이 활발하게 이루어지고 있다.

이들의 해안역의 이용 개발에서는 해변의 생태계 경관으로의 배려는 지금은 뺄 수 없게 된 것이다. 이들로의 배려가 부족하면 개발 이용의 영향으로 해안환경을 악화시키는 가능성이 있는 것으로부터 환경영향평가의 실시나 생태계에 좋은 환경보존공법의 선정 등 양호한 수변환경의 유지 보전을 향하여 조합이 필요하다.

게다가 경제 성장이 고도성장으로부터 안정 저성장으로 이행하고 있고, 사람들이 해안환경에 대한 생각이나 요구의 다양성이 점점 진행되는 오늘날, 해안환경은 단지 현상을 보전하는 것만이 아니라, 풍요롭고 친밀한 쾌적성이 높은 공간 환경으로서 적극적으로 찬조하는 것이 요구되고 있다.

해안환경 보전에서는 위의 관점을 충분히 이해하고, 이들에 대해서 배려하는 균형을 잘 취해야 한다.

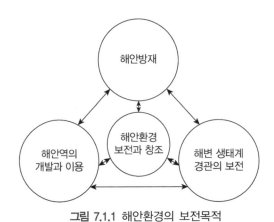

그림 7.1.1 해안환경의 보전목적

표 7.1.1 해안환경의 구성요소

해안환경의 구성요소	해안방재	태풍에 의한 고조재해 파랑, 고파에 의한 월파재해 지진에 의한 해일 재해 해안침식에 의한 정선의 후퇴 표사에 의한 하구폐색, 항만매몰
	해안역의 개발 및 이용	교통수송(항만 및 어항, 공항, 접근도로 및 철도 등) 산업활동(어장, 양식장, 공업용지, 상업용지, 주택용지 등) 최종처분지(일반 및 산업폐기물, 건설잔토, 준설토사 등) 자원에너지(석유비축기지, 화력 및 원자력발전소, 해양에너지 개발 등) 레크리에이션(사빈, 공원 및 녹지 및 산책로, 관광견학시설, 마린레저시설 등)
	해변의 생태계 및 경관의 보전	해변의 생태계 및 경관의 보전 공간구성과 자연현상(기상: 바람, 비, 눈, 서리, 온도, 습도, 기압, 결빙 등), 해상(파, 조석, 흐름, 표사, 유빙, 수온, 수질, 저질 등), 지상(지형, 지질, 지반, 지하수, 지진 등) 생태계(육서동식물, 해서동식물, 해안선, 간석, 조장, 산호 등) 경관(자연경관과 인공경관)

7.2 오늘날 해안환경의 현실

바다는 때때로 거칠어지면, 자연 그대로 맹위를 떨치며 큰 재해를 일으키고, 인간사회에 있어서 큰 위협이 된다. 그러나 평상시에는 정온 상태이며, 육역과 해역의 접점인 해안역은 옛날부터 어업이나 수육교통의 거점으로서 국가의 산업을 지탱하는 중심적인 역할을 담당해왔다.

그리고 최근에 해안역의 공간은 표 7.1.1에 나타내듯이 여러 갈래에 걸쳐 고도로 이용되고 있고, 앞으로 사회의 요구나 요청에 발맞추어 해안역의 공간 이용에 대한 사람들의 기대는 점점 고도화, 다양화하는 것이 예상된다.

해안역의 이용에서 먼저 제일 첫 번째로 들 수 있는 것은 교통 수송이다. 선박이 해역을 항행하며, 항만에 정박하여 하역을 행하도록 바다는 유통의 대동맥, 항만은 유통의 거점으로서 옛날부터 발달하였고, 오늘날까지 지속적으로 발전해오고 있다. 게다가 최근에는 하늘이 유통의 거점으로서 대규모 공항도 임해부(臨海部)에 많이 건설되고 있다.

해역 교통 수송의 요충으로서 항만이 가지는 메리트로부터 해안역 이용 형태로 산업 활동의 장으로서의 기능은 빼놓을 수가 없다. 어항은 수산업의 거점이고, 해면은 수산자원의 어장, 양식장으로 이용되고 있다. 임해부는 교통수송의 편리함과 해면의 매립에 의해 광대한 부지를 확보할 수 있다고 하는 이점으로부터 공업지대로서 이용되며, 그곳에는 석유비축기지, 화력, 원자력발전소 등의 에너지 자원의 거점시설이 건설되고 있다.

해면의 매립이라고 하는 관점에서는 최근에 일반적으로 산업폐기물의 증가에 따라 이들의 처분지의 확보가 전국적으로 문제가 되고 있고, 그 대책으로서 해면을 매립하여 최종 처분지로 하는 사업이 여러 곳에서 실시되고 있다. 그리고 그렇게 하여 새롭게 조성된 매립지는 항만 관련 용지나 공원, 녹지, 마린 레저 용지 등으로 이용되고 있다.

천연자원이 빈약한 국가에서는 파랑, 조석, 온도차 등에서 얻을 수 있는 해양발전 에너지가 지구환경에 좋은 클린 에너지로 과거부터 주목받았다. 이들은 구체적으로는 파력으로 압축공기를 만들어 발전하는 파력발전, 조수 간만차를 이용하는 조석발전, 해양의 표층수와 해저수와의 수온차를 이용한 해양온도차 발전 등이다. 어느 것도 현 단계에서는 안정성이 빈약하고 발전단가는 높지만, 앞으로는 그 실용성이 크게 기대되고 있다.

해안은 자연이 풍부한 수변과 육지를 가지는 쾌적성이 높은 워터프런트 공간이고, 모든 사람들에게 여러 가지 해양레크리에이션의 장을 제공한다. 낚시, 해수욕, 조개잡이, 서핑, 요트, 모터보트, 수상스키 등은 그 대표적인 예이고, 이러한 마린 레저를 즐기기 위하여 공원, 녹지, 마리나 등의 시설 정비도 전국 각지에서 진행되고 있다.

그러나 최근에 임해부의 매립과 수질 악화에 의해 대도시를 껴안은 내만에서는 해수욕장의 적지가 감소하고, 조개잡이가 가능한 조간대가 소실되고 있다. 또 요트, 모터보트 등의 레저보트의 보급, 급증은 동시에 이들의 계류 시설인 마리나의 부족을 일으키고, 항만이나 하천으로의 방치정의 급증과 그것에 따른 수변 환경의 악화라고 하는 새로운 환경 문제를 만들어내고 있다.

이와 같이 해안역의 이용형태는 앞으로 점점 고도화·다양화가 진행되는 한편, 인간 사회가 해안역의 개발 및 이용에 대해서 요구하는 생활과 산업 활동상의 편리성이나 효율성의 추구는 자연환경인 해안환경을 악화시키는 가능성을 늘 포함하고 있는 관계라는 것을 잊어서는 안 된다.

이것은 국토 면적이 작고 천연자원이 부족한 국가가 그 활용을 해안, 해양의 개발 및 이용을 촉진해 나아가는 데 매우 중요한 시점이 된다. 해변의 생태계나 경관 등 자연환경의 보전에 배려한 해안역의 개발과 이용의 방법이 앞으로 강하게 요구된다.

7.3 해안보전과 창출공법

해안역의 보전에서는 해안환경을 배려하면서 파랑, 고조, 해일에 의한 침수 피해, 해안침식, 항만매몰, 하구폐색 등으로부터 인간의 활동영역을 방호하는 것이 중요하다. 이를 위하여 지금까지 다양한 형식의 해안 구조물이 그 목적에 따라서 만들어졌다. 다음에 해안 구조물의 구조 형식과 설치 목적에 관해서 알아본다.

7.3.1 해안 구조물의 구조 형식

구조 형식별로 해안 구조물의 분류하면 크게 고정식 구조물과 부유식 구조물로 나눌 수 있다. 먼저 고정식 구조물은 해저 지반에 직접 설치된 형식이고, 구조물 그 자체의 중량이나 근입부의 저항력에 의해 내파 안정성을 확보하는 구조물이다. 충분한 안정성을 얻기 위하여 구조물의 자중을 크게 해야 하고, 그것에 따라서 구조물의 규모도 커진다. 그러나 해안역에는 연약지반이 많이 존재하기 때문에, 중량 구조물을 설치하는 데는 지반 개량이 필요하다. 장소에 따라서 지반 개량이 기술적 혹은 경제적으로 곤란한 경우도 있다. 두 번째로 부유식 구조물은 폰툰 등의 부체를 계류삭으로 고정하여 해상에 띄운 구조 형식으로, 파에너지가 집중하는 해면을 중심으로 파를 제어하는 구조물이다. 부체가 동요하는 것으로 발생하는 발산파(radiation waves)에 의해 입사파와 투과파를 제어한다.

7.3.2 해안 구조물의 설치 목적

설치 목적별로 해안 구조물을 나누어 보면 파랑제어 구조물, 표사제어 구조물, 해안역 이용 구조물로 분류할 수 있다.

(1) 파랑제어 구조물

파랑제어 구조물은 먼 바다에서 천해역으로 전파하는 파랑, 고조, 해일을 구조물에 의해 반사, 감쇄시키는 것에 의해 파 그 자체를 제어하는 구조물이다. 대표적으로 직립호안(upright seawall), 수심의 변화에 의해 파랑 변형을 촉진하는 경사호안(sloping revetment) 등이 있다.

파랑제어 구조물의 한 예로서, 해안호안(coastal revetment)과 해안제방(coastal dike)의 단면도를 다음 그림 7.3.1과 7.3.2에 나타낸다. 양 구조물은 기설의 해안선 또는 성토로 만들어진 제체를 콘크리트 등으로 피복하고 해안선과 제체 그 자체의 보강을 도모하고 있다. 제체의 안정성을 향상시키기 위하여 근고공이나 근류공이 시설되며, 제체 전면의 국소세국의 방지를 목적으로 지수공이 설치되어 있다. 구조물의 상부에는 파반공(parapet)을 설치하여 파를 먼 바다로 돌려보내고, 월파 월류를 방어하고 있다. 제체 전면에 소파공으로서 소파블록이나 사석 등을 설치하는 것으로 파를 강제적으로 쇄파시켜, 제체로의 처올림 높이를 저감시키고 있다.

높은 파고 시에는 해안호안이나 해안제방을 설치하여도 월파 월류가 발생할 가능성이 있다. 이것을 막기 위한 구조물의 하나로서 방파제(breakwater)가 대표적이다. 앞 바다에 설치된 방파제는 파랑, 고조, 해일을 방어하는 기능을 가지고 있다. 또 항만에서 방파제는 주로 항만 기능의 안전과 정온의 확보를 목적으로 설치되어 있다.

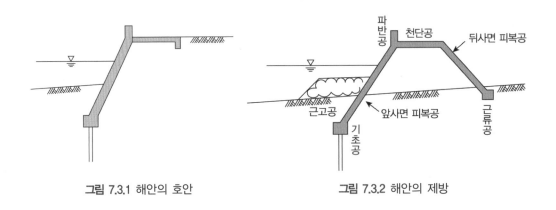

그림 7.3.1 해안의 호안   **그림 7.3.2** 해안의 제방

그림 7.3.3에 나타낸 잠제(submerged breakwater)는 구조물 위에서 강제적으로 쇄파에 의해 파고를 저감시켜 파랑을 제어하고 있다. 잠제를 구성하는 소파블록군 내의 흐름에 난류가 생기고 보다 한층 파고가 감쇄한다. 잠제 중에 먼 바다 방향으로 천단폭을 넓게 한 것으로 인공리프(artificial reef)라고 한다. 그림 7.3.4와 7.3.5에 나타낸 부방파제(floating breakwater)와 커튼월

(curtain wall)은 파에너지가 집중하는 해면 부근에 구조물을 설치하는 것으로 파에너지를 효율좋게 일산시키는 것을 목적으로 하고 있다. 해수면에서 저면까지를 막는 과거의 방파제와 비교하여 해수 교환성이 뛰어나고 해안환경도 배려한 구조물이다. 그림 7.3.6에 나타낸 막(幕) 구조물은 입사파에 의해 막체가 동요할 때에 발생하는 파를 이용하여 항만 정온화를 도모하고 있다.

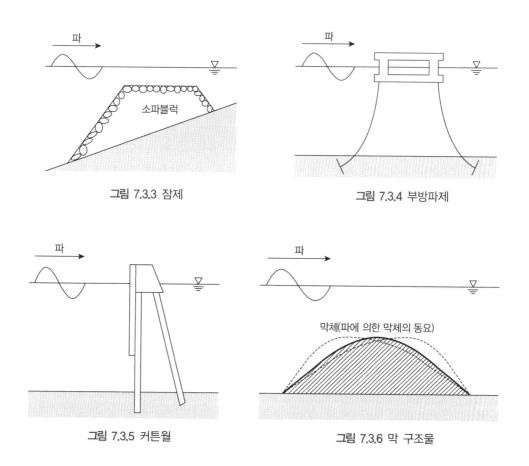

그림 7.3.3 잠제

그림 7.3.4 부방파제

그림 7.3.5 커튼월

그림 7.3.6 막 구조물

(2) 표사제어 구조물

하천으로부터 해안역으로의 토사공급량이 감소한 원인으로서, 하천정비나 댐 건설 등을 들수 있다. 또 파랑제어를 목적으로 한 해안 구조물의 설치에 의해 해안역의 방재 능력은 향상되었지만, 해안침식이나 항로 매몰 등의 표사에 관련한 재해가 발생하고 있다. 표사제어 구조물은저질의 이동을 제어하고, 해안침식 방지를 주목적으로 한다. 안정해빈에서도 저질은 늘 이동하고 있고, 토사의 유입과 유출의 평형이 일단 붕괴되면 새로운 평형상태로 나아간다. 저질 토사의 공급량이 먼 바다나 해안으로의 유출량보다 적은 경우 해안이 침식하고, 해안 구조물의 파손되거나 손상을 일으키게 된다. 현재 전국적으로 해안침식이 진행되고 있다.

해안침식 대책으로는 제방, 호안, 소파제, 돌제, 이안제, 잠제, 헤드랜드(headland; 인공갑), 양빈, 샌드바이패스 등이 있다.

먼저 제방(embankment), 호안, 소파제는 해안이 파에 깎여 나가지 않도록 해안선을 구조물로 방호하는 것이다. 지금까지 해안침식 대책으로 폭넓게 이용된 공법이다. 그러나 직립제는 반사파 등의 영향으로 전면의 사빈이 소실하기 때문에 현재는 완경사 제방이 채용되는 일이 많다.

해안선에 거의 직각으로 먼 바다를 향하여 돌출한 제방 모양의 돌제(groin)는 해안표사를 포착하는 것에 의해 해안침식을 방지하는 구조물이고 세계 여러 나라에서 많이 이용되고 있다. 그림 7.3.7을 보면 돌제와 돌제의 사이에 모래가 퇴적하고 있는 것이 확인된다. 그러나 표사를 너무 많이 포착하면 돌제 배후에서 해안침식이 진행되는 가능성이 있기 때문에 유의해야 한다.

이안제(detached breakwater)는 해안에서 떨어진 정선에 평행하게 설치된 구조물로 소파제와 똑같이 입사파의 에너지를 감소시키는 것과 동시에 그 배후에 톰보로(tombolo)의 형성을 가져온다. 그림 7.3.8에 나타낸 것이 이안제이다. 이안제 배후에 모래가 퇴적하고 해안침식 대책공으로서 효과가 인정된다.

천단을 간조면 아래로 수몰시킨 구조물은 잠제라고 부르며 해안으로부터 경관을 보전하는 등의 이점이 있다.

헤드랜드는 인공적으로 곶을 만들고, 그 사이에 포켓비치와 같은 안정해빈을 형성하는 것이다. 계절에 의해 파향이 변하면 정선의 안정형상도 변화하기 때문에, 그 변화를 고려하여 설계해야 한다. 그림 7.3.9에 헤드랜드의 시공 예를 나타내었다.

양빈(beach nourishment)은 파에 의해 사빈이 소실한 해안에 인위적으로 모래를 투입하는 공법이고, 양빈에 의한 사빈을 인공해빈(artificial beach)이라고 말한다. 조성 후에는 돌제나 이안제와 같은 구조물로 표사의 유출을 막기도 하고, 지속적으로 모래를 투입하는 것으로 평형상태를 유지할 수 있도록 하는 등 토사유출 대책을 행해야 한다.

표사가 탁월한 해안에 구조물을 설치하는 경우 구조물의 위쪽에서 퇴적이 발생하고, 아래쪽에서 침식이 발생한다. 인공적으로 위쪽의 모래를 아래쪽으로 이동시켜 사빈을 복원하는 방법을 샌드바이패스(sand bypass)라고 한다.

그림 7.3.7 돌제

그림 7.3.8 이안제

그림 7.3.9 헤드랜드

(3) 해안역 이용 구조물

해안역의 유효이용을 목적으로 한 친수성 호안(amenity-oriented seawall)으로 부르는 구조물이다. 완경사호안(gentle slope-type seawall)은 그중 하나의 구조물로 알려져 있다. 그림 7.3.10에 나타나듯 호안의 법면 경사를 완만하게 하기도 하고, 계단, 슬로프를 병설하는 것으로 해안으로 안전한 접근과 친수성을 확보하고 있다. 또 완경사 호안은 파랑제어 기능만이 아니라 방파제 전면에 만들어진 수심이 얕은 부분이 천해역과 같은 역할을 가져옴과 동시에 사면 위에서의 강제 쇄파에 의한 폭기(수중에 산소를 공급)가 수질환경 개선에 영향을 준다.

파에너지의 이용을 목적으로 한 구조물은 그림 7.3.11에 나타낸 파랑제어와 발전을 겸한 파에너지 흡수형 방파제가 있다. 방파제 내부에 공기실을 설치하고 파에너지를 공기의 흐름으로 변환하여 터빈을 구동하는 것에 의해 발전할 수가 있다.

그림 7.3.10 완경사호안

그림 7.3.11 방파제에 의한 파력 발전

7.4 지구온난화에 따른 해수면 상승

이산화탄소를 비롯하여 온실가스의 증가에 기인하는 지구온난화는 기상과 해상에 크고 작은 여러 가지 규모의 영향을 주고 있다. 지구온난화의 원인은 온실가스의 증대에 따라, 지표면에서 수십 킬로미터의 범위에 위치하는 대류권에서 지표에서의 복사에너지의 포착율이 크게 되는 것이다.

지구온난화가 해안역에 미치는 영향으로는 해수의 열팽창, 산성비, 대륙의 빙상의 융해에 의한 해수면 상승을 들 수 있다. 해수면 상승에 의해 저지대, 습지대의 소실이나 정선의 후퇴, 하천이나 지하수 수위의 변화가 일어나고, 물의 염분 농도도 변화하는 것이 예상된다. 지구온난화는 지구상의 기후나 수환경도 변화시킨다. 구체적으로는 기온의 상승에 의해 해수면이나 지표면으로부터 증발이 활발해지고, 기압이나 태풍의 특성에 변화가 일어난다. 풍파나 고조만이 아니라 강우, 강설, 토양수분이나 지하수의 변화 등 수문현상에도 영향을 준다. 수온이 상승하면 산호초 등 해안역의 생태계에 큰 변화를 일으키고, 먹이 사슬이 파탄 날 가능성이 있다. 기후변동과 해수면 상승이 상승적으로 작동하는 것으로 해안역에서의 침수의 피해 및 위험성이 증대함과 동시에, 저지대나 습지대의 생태계가 파괴되는 것도 생각할 수 있다. 이들의 변화를 그림 7.4.1에 정리하여 나타냈다. 국소적인 현상으로서는 최근에 대도시 지역에서 나타나고 있는 사람들에 의한 열섬현상, 지하수의 과도한 취수에 의한 지하수위의 저하와 그것에 따른 지반 침하 등을 들 수 있다.

지구온난화의 대책은 크게 온난화를 제어하는 완화책(mitigation)과 온난화로의 적응책(adaptation)으로 나누어진다. 완화책은 지구온난화의 원인으로 되는 온실효과가스의 배출을 삭감하여 지구온난화의 진행을 막고, 대기 중의 온실효과가스의 농도를 안정시키는 방책이다. 이들은 지구온난화의 근본적인 해결로 향한 대책이라고 말할 수 있지만, 온실효과 가스는 대기 중에서의 체류시간이 길고 효과가 나타나기까지 긴 기간을 요한다. 적응책은 기후의 변동이나 그것에 따른 기온이나 해수면의 상승 등에 대해서 인간이나 사회 경제의 시스템을 조절하는 것으로 영향을 경감하려고 하는 방책이다. 현재 온실가스의 삭감목표에 대해서 국가 간의 조정이 난항하고 있고 기후변동이나 해수면 상승에 대한 적응책의 중요성이 높아지고 있다.

해안 구조물은 그 건설이나 해체에 다량의 에너지를 소비하고 있다. 자재의 조달이나 유지관리도 고려하면 온실효과가스의 삭감에 대해서도 해안공학이 짊어져야 할 역할은 크다. 많은 사회 자본은 장기간의 시간 스케일을 가지기 때문에, 계획 단계로부터 대책을 세우는 것이 중요하다.

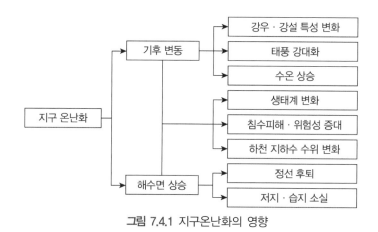

그림 7.4.1 지구온난화의 영향

참고
문헌

〈참고논문〉

1. 合田良実, 岸良安治, 神山 豊 (1976). 不規則波による防波護岸の越波流量に関する実験的研究, 港湾技術研究所報告, 第14巷, 第4号, pp. 3-44.

2. 合田良実 (1970). 防波護岸の越波流量に関する研究, 港湾技術研究所報告, 第9巻, 第4号, pp. 3- 41.

3. 合田良実 (1973). 防波堤の設計波圧に関する研究, 港灣技術研究所報告, 第12巻, 第12号, pp. 31-69.

4. 合田良実 (2007). 工学的応用のための辟被統計量の再整理, 海岸工学論文集, 第54巻, pp. 81-85.

5. 広井 勇 (1920). 波力の推定法に就て, 土木學會誌, 第6巻, 第2号, pp. 435-449.

6. 高田彰, (1970a). 波の遡上, 越妓および反射の関連性について, 土木学会論文報告書, 第182号, pp. 19-30.

7. 高田彰, (1970b). 波の遡上, 越妓および反射の関連性について {第2報}, 第17回海岸工学講演会論文集, 土木学会, pp. 113-123.

8. Bagnold, R. A. (1936). The Movement of Desert Sand. Proc. Roy. Soc. London, A157, pp. 594-620.

9. Bagnold, R. A. (1939). INTERIM REPORT ON WAVE-PRESSURE RESEARCH. (INCLUDES PLATES AND PHOTOGRAPHS). Journal of the Institution of Civil Engineers, 12(7), pp. 202-226.

10. Bagnold, R. A. (1943). The Physics of Blown Sand and Desert Dunes. New York : William Morrow and Co.

11. Bascom, W. N. (1951). The relationship between sand size and beach-face slope. Eos, Transactions American Geophysical Union, 32(6), pp. 866-874.

12. Birkemeier, W. A. (1985). Field Data on Seaward Limit of Profile Change. J.Waterway, Port, Coastal and Ocean Eng., 111(3), pp. 598-602.

13. Brebner, A. and Donnelly, P. (1963). Laboratory Study of Rubble Foundations for Vertical Breakwaters. Proc. 8th coastal Eng. Conf. Mexico City, Mexico, pp. 408-428.

14. Bretschneider, C. L. (1952). The generation and decay of wind waves in deep water. Eos, Transactions American Geophysical Union, 33(3), pp. 381-389.

15. Bruun, P. and Günbak, A. R. (1977). New design principles for rubble mound structures. In Coastal Engineering 1976, pp. 2429-2473.

16. Chepil, W. S. (1945). Dynamics of wind erosion : III. The transport capacity of the wind. Soil Science,

60(6), pp. 475-480.

17. Cokelet, E. D. (1977). Steep Gravity Waves in Water of Arbitrary Uniform Depth. Philosophical Transcripts Royal Society of London, Series A, 286, pp. 183-230.

18. Coastal Engineering Research Center (US) (1983). Shore protection manual (Vol. 2). US Army Coastal Engineering Research Center.

19. Fenton, J. D. (1985). A fifth-order Stokes theory for steady waves. Journal of waterway, port, coastal, and ocean engineering, 111(2), pp. 216-234.

20. Goda, Y. (1983). A unified nonlinearity parameter of water waves. Rep. Port and Harbour Res. Inst., 22(3), pp. 3-30.

21. Hallermeier, R. J. (1978). Uses for a Calculated Limit Depth to Beach Erosion. Proc. 16th Intl. Conf. Coastal Eng., ASCE, Hamburg, pp. 1493-1512.

22. Hudson, R. Y. (1959). Laboratory investigation of rubble-mound breakwaters. Reprint of the original paper as published in the Journal of the Waterways and Harbors Division of ASCE, proceedings paper 2171.

23. Hunt, I. A. (1958). Design of seawalls and breakwaters. US Lake Survey.

24. Isbash, S. (1935). Construction of dams by dumping stones into flowing water. War Department, US Engineer Office, Engineering Division.

25. Iwagaki, Y. and Noda, H. (1962). Laboratory study of scale effects in two-dimensional beach processes. Coastal Engineering Proceedings, (8), p. 14.

26. Iwasa, Y. (1956). Analytical considerations on cnoidal and solitary waves. Transactions of the Japan Society of Civil Engineers, 32, pp. 43-49.

27. Johnson, D. W. (1919). Shore processes and shoreline development. John Wiley & Sons, Incorporated.

28. Kawamura, R. (1951). Study of Sand Movement by Wind. Translated as University of California Hydraulics Engineering Laboratory Rpt. HEL 2-8, Berkeley, 1965.

29. Keulegan, G. H. (1950). Wave motion. Engineering hydraulics. H. Rouse, ed., Ch. XI, Wiley, New York, pp. 711-768.

30. Laitone, E. V. (1961). The second approximation to cnoidal and solitary waves. Jour, of Fluid Mechanics, 9, pp. 430-444.

31. Lettau, K. and Lettau, H. (1977). Experimental and Micrometeorological Field Studies of Dune Migration," In Exploring the World's Driest Climate, Eds. K. Lettau and H. Lettau. University of Wisconsin. Madison, IES Report 101, pp. 110-147.

32. Longuet-Higgins, M. S. (1952). On the statistical distribution of the height of sea waves. JMR, 11, pp.

245-266.

33. Miche, M. (1951). Le pouvoir reflêchissant des ouvrages maritimes exposés à l'action de la houle. Ann. Ponts Chausées, 121, pp. 285-319.

34. Miles, J. W. (1957). On the generation of surface waves by shear flows. Journal of Fluid Mechanics, 3(2), pp. 185-204.

35. Minikin, R. R. (1950). Winds. Waves and Maritime Structures, Charles Griffun & Company Limited, pp. 28-48.

36. Mitsuyasu, H., Tasai, F., Suhara, T., Mizuno, S., Ohkusu, M., Honda, T. and Rikiishi, K. (1975). Observations of the Directional Spectrum of Ocean Waves Using a Cloverleaf Buoy. J. Phys. Oceanogr., 5, pp. 750-760.

37. Munk, W. H. (1950). On the wind-driven ocean circulation. Journal of meteorology, 7(2), pp. 80-93.

38. O'brien, M. P. and Rindlaub, B. D. (1936). The transportation of sand by wind. Civil Engineering, 6(5), pp. 325-327.

39. Phillips, O. M. (1957). On the generation of waves by turbulent wind. Journal of fluid mechanics, 2(5), pp. 417-445.

40. Rector, R.L. (1954). Laboratory Study of Equilibrium Profiles of Beaches. Tech. Memo. 41, Beach Erosion Board, Corps of Engineers, Washington.

41. Sainflou, G. (1928). Essai sur les digues maritimes verticales. Annales de ponts et chaussÈes, vol 98, tome II, 1928 (4) pp. 5-48.

42. Sakamoto, N., and Ijima, T. (1963). Properties of Waves Caused by Typhoons along the Pacific Coast of Japan and their Estimations by Significant Wave Method. Coastal Engineering in Japan, 6(1), pp. 103-114.

43. Savage, R. P. (1959). Wave run-up on roughened and permeable slopes. Transactions of the American Society of Civil Engineers, 124(1), pp. 852-870.

44. Saville Jr, T. (1957). Wave run-up on composite slopes. Coastal Engineering Proceedings, (6), pp. 41-41.

45. Sawaragi, T. (1967). Scouring due to wave action at the toe of permeable coastal structures. In Coastal Engineering 1966, pp. 1036-1047.

46. Shuto, N. (1974). Nonlinear long waves in a channel of variable section. Coastal Engineering in Japan, 17(1), pp. 1-12.

47. Skjelbreia, L. (1959). 'Gravity Waves, Stokes Third Order Approximations, Tables of Functions. Council on Wave Research, Engineering Foundation, University of California, Berkeley.

48. Sunamura, T. (1984). Quantitative predictions of beach-face slopes. Geological Society of America Bulletin, 95(2), pp. 242-245.

49. Sunamura, T. and Horikawa, K. (1974). Two-Dimensional Beach Transformation Due to Waves," Proc. 14th Intl. Conf. Coastal Eng., ASCE, Copenhagen, pp. 920-938.

50. Sunamura, T. and Horikawa, K. (1975). Two dimensional beach transformation due to waves. In Coastal Engineering 1974, pp. 920-938.

51. Sverdrup, H. U. and Munk, W. H. (1947). Wind, sea and swell : Theory of relations for forecasting (No. 303). Hydrographic Office.

52. Wilson, B. W. (1955). Graphical approach to the forecasting of waves in moving fetches (No. 73). US Beach Erosion Board.

53. Zingg, A. W. (1953). Wind Tunnel Studies of the Movement of Sedimentary Material. Proc. 5th Hydraulics Conf., Bull. 34, pp. 111-135.

〈참고도서〉

1. Coastal Processes Engineering Applications, Cambridge University Press, R.G. Dean & R.A. Dalrymple, 2004.

2. Water Wave Mechanics for Engineers and Scientists, World Scientific, R.G. Dean & R.A. Dalrymple, 1991.

3. 水理公式集[平成 11年版](2001), 土木學會, p. 713.

4. 신편 해안공학(1993), 김남형 역, 청문각, p. 415.

5. 항만구조물의 내파설계(1994), 김남형 역, 구미서관, p. 402.

6. 해양구조물의 설계와 시공(1995), 김남형·김정태 역, 구미서관, p. 258.

7. 표사와 해안침식(1996), 김남형 역, 청문각, p. 256.

8. 해양구조물과 기초(1998), 김남형·김영수 역, 원기술, p. 429.

9. 해양·항만구조물/PC구조물(1999), 김남형·박제선 역, 과학기술, p. 393.

10. 소파구조물(1999), 김남형 역, 과학기술, p. 315.

11. 해양성 레크리에이션 시설(1999), 김남형·이한석 역, 과학기술, p. 341.

12. 해양개발(1999), 고유봉·김남형 역, 전파과학사, p. 216.

13. 해안환경공학(1999), 김남형·신문섭 역, 원기술, p. 972.

14. 스펙트럼해석(2000), 김남형·심교성 역, 과학기술, p. 311.

15. 수치유체역학(2002), 김남형 역, 원기술, p. 854.

16. 인공어초(2002), 김남형·김석종 역, 원기술, p. 195.

17. 해안파동(2004), 김남형·박구용·조일형 역, 구미서관, p. 1095.

18. 해안침식-실태와 해결책-(2006), 안희도·남수용·김남형·진재율 역, 과학기술, p. 241.

19. 해양관광학(2009), 김남형·허향진 역, 제주발전연구원, p. 247.

20. 내파공학(2014), 김남형·양순보 역, 씨아이알, p. 645.

21. 해상풍력발전(2015), 김남형·고경남·양순보 역, 씨아이알, p. 523.

22. 海岸工學(1970), 井島武士, 朝倉書店, p. 315.

23. 基礎海岸工學(1977), 新田亮, 理工圖書株式會社, p, 247.

24. 海岸工學(1985), 岩垣雄一, 椹木亨, 共立出版株式會社, p. 463.

25. 海岸工學(1987), 服部昌太郎, コロナ社, p. 230.

26. 最新 海岸工學(1987), 岩垣雄一, 森北出版株式會社, p. 250.

27. 開設海岸工學(1987), 尾崎光, 八鍬功, 村木義男, 近藤俶郎, 佐伯浩, 森北出版株式會社, p. 233.

28. 海岸海洋工學(1992), 水村和正, 共立出版株式會社, p. 246.

29. 海岸,港灣(1992), 合田良實, 佐藤昭二, 彰國社, p. 396.

30. 新編 海岸工學(1996), 椹木亨, 出口一郎, 共立出版株式會社, p. 225.

31. 海岸工學入門(2001), 酒井哲郎, 森北出版株式會社, p. 142.

32. 海岸工學, 平山秀夫(2003), 辻本剛三, 島田富美男, 本田尙正, コロナ社, p. 191.

33. 海岸環境工學(2005), 岩田好一郎, 水谷法美, 靑木伸一, 村上和男, 關口秀夫, 朝倉書店, p. 173.

34. 海岸工學槪論(2005), 近藤俶郎, 佐伯浩, 佐佐木幹夫, 佐藤幸雄, 水野雄三, 森北出版株式會社, p. 218.

35. 海岸工學(2012), 合田良實, 技報堂出版, p. 200.

36. 沿岸域工學(2013), 川奇浩司, コロナ社, p. 205.

37. 海岸工學(2014), 木村光, 森北出版株式會社, p. 211.

찾아 보기

기타

저자 소개

김남형   일본 Kagoshima University (鹿兒島大学) 대학원 졸업(석사)
일본 Kumamoto University (熊本大学) 대학원 졸업(박사)
미국 Princeton University 방문연구원
현 제주대학교 토목공학과 교수

고행식   미국 University of Southern California 대학원 졸업(박사)
현 제주대학교 해양시스템공학과 박사후 연구원
현 제주대학교 토목공학과/해양시스템공학과 강사

해안공학

초판인쇄 2020년 7월 24일
초판발행 2020년 7월 31일

저　　　자 김남형, 고행식
펴　낸　이 김성배
펴　낸　곳 도서출판 씨아이알

책임편집 박영지, 최장미
디　자　인 윤현경, 김민영
제작책임 김문갑

등록번호 제2-3285호
등　록　일 2001년 3월 19일
주　　　소 (04626) 서울특별시 중구 필동로8길 43(예장동 1-151)
전화번호 02-2275-8603(대표)
팩스번호 02-2265-9394
홈페이지 www.circom.co.kr

I S B N 979-11-5610-849-8 (93530)
정　　　가 20,000원